A ciência da gestação

Rossana Soletti

A ciência da gestação

Passado, presente e futuro

Copyright © 2025 by Rossana Soletti

Grafia atualizada segundo o Acordo Ortográfico da Língua Portuguesa de 1990, que entrou em vigor no Brasil em 2009.

Capa
Elisa von Randow

Imagem de capa
Aleksandra Chalova/ Istock

Preparação
Ana Clara Werneck

Índice remissivo
Probo Poletti

Revisão
Natália Mori
Adriana Bairrada

Dados Internacionais de Catalogação na Publicação (CIP)
(Câmara Brasileira do Livro, SP, Brasil)

Soletti, Rossana
   A ciência da gestação : Passado, presente e futuro / Rossana Soletti.
— 1ª ed. — Rio de Janeiro : Zahar, 2025.

   Bibliografia.
   ISBN 978-65-5979-226-9

   1. Gravidez 2. Gravidez – Aspectos imunológicos 3. Gravidez – Aspectos psicológicos 4. Gravidez – Aspectos nutricionais 5. Gravidez – Desenvolvimento I. Título.

25-269102   CDD-618.2

Índice para catálogo sistemático:
1. Gravidez : Obstetrícia : Medicina   618.2

Cibele Maria Dias – Bibliotecária – CRB-8/9427

Todos os direitos desta edição reservados à
EDITORA SCHWARCZ S.A.
Praça Floriano, 19, sala 3001 — Cinelândia
20031-050 — Rio de Janeiro — RJ
Telefone: (21) 3993-7510
www.companhiadasletras.com.br
www.blogdacompanhia.com.br
facebook.com/editorazahar
instagram.com/editorazahar
x.com/editorazahar

Para minhas filhas, Marina e Lara, que me ensinaram sobre maternidade de forma muito mais profunda que os livros de embriologia e os artigos científicos.

Sumário

Introdução   9

1. De onde viemos   15
O nascimento dos óvulos | O nascimento dos espermatozoides | O encontro da sobrevivência | Ajudando a natureza | Congelando o tempo | Doando vida | Entrando de cabeça

2. O embrião   40
Invadindo o útero | Deu positivo? | A semana mais importante de todas | Revelando a caixa-preta do desenvolvimento humano | Ajudando a fechar o tubo | Os primeiros batimentos | O desenvolvimento até a oitava semana

3. O feto   68
É menino ou menina? | Vivendo em um ambiente aquático | Os cheiros do período fetal | Rostinho de bebê | Formando a identidade | Embalando para viagem | Ouvidos bem atentos | Bactérias protetoras | A hora se aproxima

4. A placenta   90
A evolução da placenta | Não se fazem mais placentas como antigamente | Placenta no cardápio | Juntos ou separados | A placenta não é uma barreira | O retorno da talidomida | Nem tudo, nem nada

5. A teratologia e a influência do estilo de vida 113
Superstições, misticismo e ciência | A era da teratologia
moderna | Iniciando os testes de segurança | Estudos em
humanos | Os desafios do presente e do futuro | Álcool,
o teratógeno mais utilizado | A controvérsia da cafeína |
Chá não é tudo igual | O cigarro | Alimentação |
Cosméticos, produtos de beleza e de higiene pessoal |
Os contaminantes emergentes | A ideia da "genética perfeita"

6. As mudanças no corpo e na mente 153
O balanço dos hormônios | O enjoo | Uma fisiologia
complexa | Tolerando um estranho | Marcas para sempre |
O cérebro da gestante | Cadê a memória? | As emoções
mudam | A depressão perinatal | Gravidez não é doença? |
O mito do instinto materno

7. O pré-natal 193
Entendendo a ultrassonografia | As novas tecnologias |
As ultrassonografias no primeiro trimestre |
A ultrassonografia morfológica do segundo trimestre |
Outros exames no pré-natal |Nutrição pré-natal

8. A paternidade 214
O que interfere na espermatogênese | A fertilidade do
homem está decaindo? | A influência paterna na gestação |
A influência da idade | De geração em geração |
A influência dos filhos | Mudanças no comportamento |
Os ônus e bônus

Notas 241
Glossário de siglas e termos da gestação 248
Referências bibliográficas 253
Índice remissivo 287

Introdução

UM VÍDEO COM MILHÕES de compartilhamentos na internet mostrou há poucos anos uma instalação da empresa EctoLife onde quatrocentas cápsulas de crescimento, espécie de engenhoca que faria o papel de útero humano artificial, estavam distribuídas lado a lado incubando fetos até o nascimento. Segundo a divulgação, a empresa seria capaz de produzir 30 mil bebês por ano e os pais poderiam escolher as características que mais desejassem para seu filho, que seria concebido por fertilização in vitro (FIV) e transferido para um útero artificial no qual todas as demandas de nutrientes para um crescimento saudável estariam constantemente supridas. O vídeo é uma obra de ficção científica, mas, diante de tantos avanços na reprodução humana noticiados nas últimas décadas, é compreensível que grande parte dos espectadores tenha reagido com espanto por acreditar que se tratava de um projeto real.

No mundo de hoje, ainda não temos tecnologia capaz de dar suporte a todo o desenvolvimento gestacional fora do útero materno; além disso, há inúmeras restrições éticas que impedem até mesmo o estudo dessa prática. Mas, verdade seja dita, em muitos momentos da história a ciência se desenvolveu longe de preceitos éticos adequados. Neste livro exploraremos alguns desses eventos, como eles foram capazes de moldar a pesquisa atual e as prospecções que temos para o futuro da reprodução humana.

Se nos idos de 1930, por exemplo, uma mulher abastada nos Estados Unidos só conseguiria saber se estava grávida caso seu médico pedisse um exame que necessitava utilizar coelhas e demorava dias para gerar um resultado, nos anos 1990 já era possível comprar um teste barato para ser feito no conforto de casa e que ficava pronto em poucos minutos. Versões eletrônicas mais modernas e altamente precisas de testes de gravidez são cada vez mais comuns e poderiam ser a regra para as próximas décadas, não fosse um problema que compromete o mundo todo: o difícil descarte de componentes eletrônicos e baterias.

De fato, o rápido desenvolvimento tecnológico dos últimos anos carrega ônus e bônus: ao mesmo tempo que propicia inúmeros avanços na ciência e na medicina, melhorando a qualidade de vida das gestantes e a saúde maternoinfantil, também agrava os impactos ambientais, que por sua vez prejudicam a vida no planeta. Se o presente está marcado por fatores que podem afetar a gestação, como o aumento das ondas de calor, da quantidade de microplásticos descartados, dos disruptores endócrinos e da poluição atmosférica, o futuro necessita de um desenvolvimento sustentável e de uma ciência voltada para a resolução dos problemas atuais, além da redução nas desigualdades de acesso à saúde.

A ideia deste livro surgiu justamente durante ações de popularização da ciência feitas com gestantes em situação de vulnerabilidade social. Em um projeto de que participei durante a pandemia, as grávidas eram atendidas por assistentes sociais e profissionais da saúde, e tínhamos encontros

Introdução 11

virtuais com muito diálogo sobre vacinação e os cuidados necessários para a prevenção da covid-19, além de tirarmos diversas dúvidas sobre a gestação. Um rascunho inicial dos primeiros capítulos, que abordam o funcionamento do corpo feminino antes da concepção e o desenvolvimento do embrião e do feto, foi produzido em forma de pequenas cartilhas direcionadas a essas gestantes. Na época, ficou latente o desejo de escrever um livro mais aprofundado, mesclando conteúdos relacionados a duas disciplinas que ministro na Universidade Federal do Rio Grande do Sul (UFRGS): Embriologia e História da Ciência.

Mais do que um compilado de informações sobre como a gravidez se desenvolve ao longo das semanas e as interferências que podem ocorrer nesse processo, aqui serão apresentadas histórias e personagens que tiveram um grande impacto em como a gestação é conhecida e conduzida. Partindo das crenças e suposições a respeito da origem da vida humana que eram vigentes há milênios, chegaremos à exploração de detalhes microscópios cujo conhecimento atual permite ampliar o sucesso no desenvolvimento embrionário e fetal. Passaremos por mais de 2 mil anos de evolução da ciência e pelas fascinantes descobertas que ela trouxe sobre nossa reprodução.

No entanto, este livro não tem a pretensão de cobrir todos os tópicos e eventos de uma área tão vasta, muito menos de esgotar o tema — algo que seria impossível em qualquer publicação. Para dar uma ideia da quantidade colossal de informação que é produzida sobre esse assunto, a busca pelo termo "gestação" no Pubmed, um buscador que acessa uma das principais bases de dados da área biomédica mundial, retorna mais de 1 milhão de artigos, e dezenas de novos estudos são adicionados diariamente. Só entre o ano de 2023 e o início de 2025 houve cerca de 70 mil novos artigos, ou seja, é inviável para qualquer ser humano acompanhar e entender com profundidade todas as particularidades sobre a reprodução.

Como não poderia deixar de ser, a escolha dos tópicos abordados aqui tem um certo viés pessoal. Além de fazer uma varredura sobre as bases do desenvolvimento gestacional, escolhi falar também sobre as mudanças vivenciadas pelo corpo e pela mente das mães, já que o olhar sobre a gestação também deve estar focado em quem gesta. Muito longe das concepções aristotélicas de que a mulher seria apenas um receptáculo para que a divina força vital masculina gerasse uma nova vida, o protagonismo feminino no gestar e todas as implicações positivas e negativas que a gravidez causa não podem ser ignorados. Ademais, não seria sensato escrever um livro sobre gestação sem relatar a grande importância da influência paterna no desenvolvimento embrionário, fetal e na própria saúde da mãe, o que tem sido demonstrado por um número crescente de pesquisas, mas infelizmente ainda é muito negligenciado na prática. Ao fim do volume há um glossário de siglas e termos da gestação, que além de agregar vocábulos técnicos utilizados no livro define expressões que comumente aparecem em exames, artigos e textos sobre gravidez e maternidade.

Distante de ser uma referência mundial na área de gestação, meu maior título é o de ser uma mãe curiosa com variados interesses científicos e que segue há vinte anos estudando o desenvolvimento gestacional e infantil. Meu contato mais profundo com a embriologia se iniciou ainda no mestrado em

Introdução   13

Neurociências e Comportamento, na Universidade Federal de Santa Catarina (UFSC), onde comecei a estudar as bases da *evo-devo*, a biologia evolutiva do desenvolvimento, uma área que analisa os mecanismos do desenvolvimento embrionário e os genes que os regulam, e que é fundamental para a compreensão do neurodesenvolvimento.

Depois, segui para o doutorado em Ciências Morfológicas, uma grande área que abrange as disciplinas de Embriologia, Anatomia e Biologia Celular e Tecidual. Coincidentemente, comecei a ministrar aulas de Embriologia quando estava grávida, unindo a teoria à prática: enquanto falava das mudanças causadas pela gravidez, sentia meu próprio corpo passando por elas. De fato, gestar e maternar minhas filhas foram os eventos que mais me modificaram: a sensação é de que ganhei um par de óculos que mudou para sempre a forma como vejo o mundo, a maternidade e a ciência.

Em 1675, Isaac Newton, considerado um dos maiores cientistas de todos os tempos, finalizou uma carta direcionada a Robert Hooke, outro grande expoente da ciência, com a célebre citação: "Se eu vi mais longe, foi por estar sobre os ombros de gigantes". A frase reconhece e simboliza a importância das contribuições de todos os cientistas que o antecederam e que possibilitaram suas descobertas. Assim como um grande muro é erguido a partir da colocação de vários tijolos, a ciência é um processo construído com o trabalho de muitas mentes do passado e do presente. Cada pesquisa publicada é um tijolo a ser utilizado para formar as bases de futuras descobertas.

Newton e Hooke também formam uma perfeita representação da ciência dos séculos passados e da forma como majoritariamente ela nos é contada hoje: reservada a ser produzida pelas mentes de homens brancos europeus. Além da dificuldade ou impossibilidade de mulheres, negros e culturas do sul global praticarem ciência no passado, suas contribuições tendiam a ser apagadas dos registros históricos. Muitas concepções errôneas sobre a ciência da gestação que persistiram por séculos resultaram da falta de diversidade nos ambientes científicos.

O machismo reinante no meio acadêmico tem outros reflexos que perduram até hoje, com um percentual muito menor de cientistas mulheres em cargos de liderança e representando menos de 10% dos laureados com o Nobel. Além disso, a estrutura acadêmica desigual levou à falta de estudos sobre problemas de saúde que envolvem mulheres, incluindo muitas questões relacionadas à gravidez. Com a entrada delas nos meios de produção científicos e a pressão dos movimentos de mulheres na ciência, esses temas começaram a ser pesquisados e já trazem frutos que beneficiam mães e bebês.

Entre trocas de células, chuva de espermatozoides, injeções de urina e sapos vestidos com calças de tafetá, este livro apresenta histórias surpreendentes de como a ciência da gestação se desenvolveu no passado, criando as bases para o conhecimento e os consensos atuais e abrindo muitas janelas para uma série de descobertas fascinantes que nos aguardam no futuro.

1. De onde viemos

Não deve ser novidade para inúmeros adultos, talvez a maioria, a informação de que um ser humano é gerado pela união dos gametas — o óvulo e o espermatozoide —, mas essa certeza é recente em termos históricos. Entender a origem da vida é um enigma que moveu pesquisadores por milênios e só começou a ser esclarecido após a invenção dos primeiros microscópios. Até então, as concepções sobre isso variavam a depender da cultura e das crenças de cada região. Por exemplo, o *Garbhāvakrāntisūtra*, ou "Doutrina esotérica sobre o embrião", escritura hindu do século xv a.c. e um dos mais antigos documentos sobre a origem dos fetos humanos, afirma que o embrião humano é originado a partir da união da energia masculina, o sêmen, e da energia feminina, o sangue.

Em 1677, o cientista holandês Antonie van Leeuwenhoek pôde observar os espermatozoides pela primeira vez, analisando o próprio sêmen. Apesar do entusiasmo pela incrível descoberta, era grande o receio de que ela não seria bem recebida pela sociedade e até mesmo pela comunidade científica. Três meses após a primeira observação, Leeuwenhoek descreveu seus achados em uma carta dirigida à Royal Society de Londres, uma das mais importantes sociedades científicas da época, dizendo: "se julgarem essa descoberta nojenta ou ofensiva para os eruditos, peço sinceramente que seja considerada privada e publicada ou suprimida conforme o julgamento de Vossa Senhoria".[1] A carta foi publicada somente um ano e meio depois, e, ao contrário do que se pode imaginar, não pôs fim à grande pergunta: "De onde viemos?".

Nessa época, muitas das ideias vigentes na Europa sobre a geração dos humanos eram baseadas nos pensamentos de Aristóteles (século IV a.C.). Ele sustentava que o sangue menstrual tinha a causa material para a formação do ser vivo, e que no sêmen estava a força divina, animada e racional. O papel do homem na reprodução era visto como mais importante, e a mulher seria apenas um receptáculo, uma espécie de forno capaz de nutrir e fazer crescer a faísca da vida. Apesar de dominante no Ocidente, essa não era a única visão em termos mundiais. Os chineses, por exemplo, acreditavam que homens e mulheres possuíam igual "vitalidade generativa".

Um dos estudiosos que contribuíram para mudar a doutrina aristotélica sobre a geração da vida foi William Harvey, um médico britânico e empregado do rei Carlos I. Harvey inicialmente seguia a corrente de Aristóteles, que, além de postular sobre a formação dos seres humanos, acreditava que alguns seres vivos "inferiores" poderiam ser formados a partir de material não vivo. Ousando colocar as teorias vigentes à prova, Harvey estudou a geração de diversas formas de vida, incluindo vermes e larvas, e seus primeiros achados contrariaram a teoria de geração espontânea, já que todos os seres analisados surgiam de ovos.

Para entender melhor a geração dos mamíferos, ele participou de caçadas junto com o rei na época de reprodução dos cervos. Qual não foi sua surpresa quando, ao abrir algumas fêmeas abatidas, não encontrou um ser vivo sendo gerado? Ele

De onde viemos 17

então concluiu: "O feto não procede nem da semente do macho e da fêmea emitida no coito, nem de qualquer mistura dessa semente, nem ainda do sangue menstrual, como concebia Aristóteles; e, da mesma forma, não há necessariamente nada da concepção no ser logo após o coito".[2] Harvey não sabia que, mesmo se as fêmeas estivessem prenhas, não seria possível observar a olho nu um embrião em fase tão precoce do desenvolvimento.

Sem ter todas as peças para fechar o quebra-cabeça da geração da vida, Harvey hesitou por anos em publicar seus achados. Foi somente após a visita do colega médico George Ent, com quem dividiu seus rascunhos e teve uma longa conversa, que ele concordou em levar a ideia adiante. Em 1651, o *Tratado sobre a geração dos animais* (*Exercitationes de generatione animalium*) foi publicado, e a primeira ilustração mostrava Zeus abrindo uma estrutura em forma de ovo da qual saíam vários seres, de um gafanhoto a um bebê, e lá constava a frase *"Ex Ovo Omnia"* (Todas as coisas vêm de ovos).

As ideias de Harvey foram usadas por outros cientistas para o desenvolvimento da teoria "ovista", na qual os seres já estavam pré-formados dentro dos ovos. A partir da descoberta dos espermatozoides por Leeuwenhoek, o ovismo passou a fazer contraponto ao "espermismo", que via no gameta masculino a semente humana a ser plantada no útero. Tanto a visão ovista quanto a espermista se baseavam no preformismo, a afirmação de que os humanos já estavam pré-formados nos gametas (espermatozoide ou óvulo). Nicolaas Hartsoeker, físico holandês que criou lentes para telescópios e microscópios, publicou em seu *Ensaio de dióptrica*, em 1694, o famoso desenho de um ser humano em posição fetal dentro da cabeça de um espermatozoide.

Ilustração do livro *Tratado sobre a geração dos animais*, de William Harvey: "Todas as coisas vêm de ovos" (Stefano Bianchetti/ Bridgeman Images/ Easy Mediabank).

De onde viemos

Um dos argumentos contrários ao espermismo se baseava no desperdício de almas. Sendo cada espermatozoide a miniatura de um ser humano em potencial, quantas pessoas morreriam a cada ejaculação? As respostas para esse dilema foram muito criativas. Alguns estudiosos acreditavam que os espermatozoides que não gerassem um novo ser poderiam evaporar, pairando no ar em partículas que se aglutinariam e então gerariam novos espermatozoides. Contudo, essa ideia não respondia como a suposta reciclagem ocorreria. Estariam as chuvas repletas de minisseres de todas as espécies tentando alcançar os órgãos reprodutivos dos respectivos machos? Esse tema gerou impasses até o século XVIII. O anatomista e pintor francês Jacques Fabien Gautier d'Agoty, por exemplo, defendia que os seres estavam pré-formados no sêmen, mas em partes separadas nos espermatozoides, talvez em um tipo de quebra-cabeças que só seria montado no útero.

Com tantas dúvidas e a completa falta de evidências para dar suporte ao espermismo, a teoria ovista ganhava força, mas também não estava livre de contestação. Afinal, se as pessoas estão pré-formadas

Estrutura do espermatozoide, de acordo com Nicolaas Hartsoeker (Bridgeman Images/ Easy Mediabank).

em ovos dentro das mães, isso indica que as mães estavam pré-formadas nos ovos das avós, que por sua vez estavam dentro das bisavós, e assim até chegarmos à primeira mulher, que deveria conter a informação de todos os humanos em seus ovários. Segundo alguns, essa mulher existia, e era Eva, a Mãe da Humanidade. Mas como seres humanos com características físicas tão distintas poderiam ser originados de uma única pessoa? Estendendo o ovismo para outros animais, como explicaríamos, por exemplo, a geração de uma mula a partir de uma égua?

O nascimento dos óvulos

Mesmo com a constatação de que muitas fêmeas depositam ovos e com a dissecção de vários "testículos de fêmeas" (como eram chamados os ovários), o óvulo humano só foi observado em 1827. Quem desvendou esse enigma foi Karl Ernst von Baer, médico e biólogo considerado um dos fundadores da embriologia. Foi com grande entusiasmo que Baer se aprofundou no estudo do desenvolvimento dos ovos, pesquisando inicialmente as galinhas e partindo depois para mamíferos.

Estudando cães, ele encontrou nos ovários estruturas semelhantes a pequenas esferas, os folículos ovarianos. Examinando-as ao microscópio, Baer percebeu um ponto de coloração amarelada dentro delas, que conseguiu remover. Era o óvulo, e ele o reconheceu pois já o tinha visto em tubas uterinas dissecadas. Finalmente o ovo dos mamíferos, tão procurado e misterioso, tinha sido encontrado dentro dos ovários e estava bem ali, diante dos seus olhos. A descoberta

De onde viemos 21

foi então repetida em outras espécies, e os óvulos visualizados em coelhas, golfinhos fêmeas, ovelhas e humanas eram surpreendentemente semelhantes.

Hoje sabemos que as mulheres já nascem com seu estoque de óvulos definido para toda a vida reprodutiva — o que chamamos de reserva ovariana, a qual vai diminuindo drasticamente ao longo dos anos. A produção dos óvulos tem início ainda no período embrionário, na sexta semana de desenvolvimento, quando células germinativas primordiais do embrião migram para o primórdio dos ovários. Elas serão revestidas por uma camada de outras pequenas células, formando assim os folículos. Os óvulos, também chamados de oócitos, vão amadurecer paralelamente à maturação dos folículos.

No momento do nascimento de uma menina, seus ovários possuem cerca de 2 milhões de óvulos, e no início da puberdade restam cerca de 400 mil. A cada mês, cerca de mil deles são ativados, mas somente um, em geral, alcança o desenvolvimento completo. Assim, dos 400 mil existentes na puberdade, apenas cerca de quatrocentos passarão pelo processo completo de amadurecimento e serão liberados na ovulação. Nesse momento, um folículo maduro se rompe e libera o óvulo, que é envolvido pelas fímbrias, projeções das tubas uterinas em forma de minúsculos dedos. O óvulo ainda está circundado por duas camadas: a zona pelúcida, mais interna e de aspecto gelatinoso, e a corona radiata, um conjunto de pequenas células responsáveis pela nutrição do óvulo e que terão um papel importante na fecundação.

Desde que Baer descobriu os óvulos, foram necessários quase duzentos anos para termos o primeiro vídeo mostrando uma ovulação em tempo real. O fato de a ovulação ocorrer dentro do corpo, nos ovários, dificulta a visualização do momento em que o folículo se rompe e libera o óvulo, mas cientistas do Instituto Max Planck, na Alemanha, desenvolveram recentemente um modelo que alia o cultivo de folículos de camundongo fora do corpo junto a um sistema de captura de imagem. Assim, à medida que os folículos vão amadurecendo nas plaquinhas cultivadas em laboratório, a câmera vai capturando todos os detalhes. Com a utilização de camundongos transgênicos que expressam proteínas fluorescentes, a imagem é capturada por um microscópio de fluorescência, o que ajuda a compreender os mecanismos celulares que regulam a ovulação.[3]

Em outubro de 2024 foi divulgado um vídeo da ovulação ocorrendo em tempo real.[4] Com isso, foi possível observar que o processo ocorre em três fases: nas primeiras oito horas, o folículo se expande em volume; em seguida, há uma contração comandada por células musculares que o circundam. Finalmente, o folículo se rompe, liberando o óvulo e um jato de fluido folicular. Com o estudo detalhado desse processo, poderemos desenvolver tratamentos mais efetivos para condições que originam falhas na ovulação, como a síndrome dos ovários policísticos.

O nascimento dos espermatozoides

Ao contrário da primeira visualização do óvulo humano, que foi perseguida por séculos, Leeuwenhoek descobriu os espermatozoides sem um objetivo científico concreto, movido

De onde viemos

apenas pela curiosidade. Na época, eles foram chamados de *animalcules*, nome que Leeuwenhoek cunhou para qualquer organismo microscópico encontrado em ambiente líquido, como água do mar, gotas de chuva e até saliva. Foi Baer que criou o nome espermatozoide, cujo significado é "animal da semente" (do grego *spermatos* = semente + *zoeides* = aspecto de animal).

Ao contrário do que acontece com as células reprodutivas femininas, cujo estoque já é determinado no nascimento, a produção de espermatozoides se inicia na puberdade e pode continuar até o fim da vida do homem. Eles são produzidos nos testículos em uma grande rede de túbulos, e todo o processo de produção e amadurecimento dura cerca de setenta dias. Um adulto reprodutivamente saudável produz cerca de 200 milhões de espermatozoides por dia, e cada ejaculação libera em média três mililitros de sêmen.

Segundo a estratégia reprodutiva da espécie humana, são gerados muitos e minúsculos espermatozoides, ao invés de poucos e grandes. Um espermatozoide humano mede cerca de 0,05 milímetro — o do camundongo mede 2,5 vezes mais, e o da mosca-das-frutas atinge surpreendentes seis centímetros, o que é 23 vezes maior do que o corpo desse inseto. No mundo dos machos, espermatozoides longos em geral estão associados a menor quantidade. No caso das moscas, o gameta gigante fica enrolado como um novelo e é depositado no receptáculo da fêmea. Quando ela acasala com vários machos, os espermatozoides menores tendem a sair do aparelho reprodutor. Acredita-se que ao longo do tempo as fêmeas foram desenvolvendo receptáculos maiores, o que acabou selecionando os machos com os gametas mais avantajados.

Nos humanos, o volume de sêmen, a quantidade de espermatozoides e até a velocidade com que são ejetados auxiliam a fecundação. Dos espermatozoides que entram no canal vaginal, somente um em 1 milhão consegue alcançar as tubas uterinas, onde geralmente ocorre o encontro com o óvulo. No trato reprodutivo feminino, os gametas masculinos ainda passam por um processo conhecido como capacitação, que culmina com o aumento da motilidade e com várias alterações na superfície dos espermatozoides, o que os torna aptos a se ligar às membranas externas do óvulo. Assim, das centenas de milhões de espermatozoides que chegam à vagina, apenas duzentos deles, em média, serão capazes de participar da corrida até o objetivo final.

O encontro da sobrevivência

O destino do óvulo liberado e dos cerca de duzentos espermatozoides que conseguiram chegar próximo a ele é a morte, a menos que um encontre o outro. Esse entendimento quase poético sobre o desenvolvimento dos seres vivos só foi possível graças a muitas pesquisas com animais não humanos, principalmente com peixes, anfíbios e invertebrados marinhos, como o ouriço-do-mar. Neles a fertilização é externa: machos e fêmeas liberam os gametas na água. Em um ecossistema aquático, onde espermatozoides e óvulos de diferentes espécies estão dispersos, mas precisam se encontrar de forma altamente específica para formar um embrião, vários mecanismos de controle da fecundação devem existir.

De onde viemos 25

Colocando alguns desses animais machos e fêmeas em um aquário os cientistas estudam os complexos mecanismos necessários para a união das duas células e a formação de um embrião. O fisiologista italiano setecentista Lazzaro Spallanzani, um ovista, foi um dos pioneiros a elucidar o papel dos espermatozoides na fecundação, embora seus experimentos não tenham sido corretamente interpretados à época. Mesmo após a visualização dos espermatozoides em 1677 e do apelo da corrente espermista, alguns pensadores defendiam a hipótese de que os *animalcules* fossem apenas parasitas do sêmen, e não células que realmente participam da reprodução.

Em experimentos no mínimo curiosos, Spallanzani vestiu sapos machos com calças justas e os deixou acasalarem, ou, nas suas palavras, "procurarem uma fêmea com igual entusiasmo e realizarem, da melhor maneira possível, o ato de geração".[5] Na ausência de fotografias ou ilustrações desse protocolo inusitado, bem como dos detalhes das minúsculas calças, cabe à imaginação de cada um esboçar essas cenas. O fato é que os casais com sapos vestidos não tiveram sucesso na geração de filhotes, ao contrário do grupo de controle, com sapos desnudos.

O sêmen que ficou preso às calças foi coletado e colocado em outro ambiente com fêmeas, e os ovos então se desenvolveram, dando origem a girinos. Entusiasmado com esses resultados, Spallanzani avançou para o estudo de mamíferos, usando cães. Dessa vez ele não precisou vesti-los, mas coletou o esperma dos machos e introduziu nas fêmeas, que ficaram prenhas. Esse foi o primeiro relato de uma inseminação artificial, e segundo o cientista "o sucesso desta experiência foi uma das maiores alegrias da minha vida".[6]

Mesmo com tantas evidências mostrando que é a união entre os gametas que estabelece a fecundação, muitas décadas foram necessárias para que começássemos a entender as complexas interações entre eles. Experimentos que combinaram espermatozoides e ovos de duas espécies de ouriços-do-mar em 1912 provaram que as células da fêmea produzem uma substância capaz de atrair somente as células do macho da mesma espécie. Assim, a entrada do espermatozoide no óvulo é mediada mais por reações químicas do que por forças mecânicas.

Até hoje perdura entre muitas pessoas a ideia de que o óvulo seria uma "célula passiva", à espera da entrada do espermatozoide mais rápido, mas o processo até a fecundação é mais complexo e depende dos dois gametas. O óvulo e o fluido que o circunda têm o poder de atrair e guiar a jornada dos espermatozoides. Já foi demonstrado que existem três tipos de mecanismos atuando nesse processo: a termotaxia, em que os espermatozoides nadam em direção a um gradiente de temperatura; a reotaxia, em que eles nadam contra o fluxo dos fluidos uterinos; e a quimiotaxia, que os guia pelos sinais químicos produzidos pelo óvulo e pelas células que o circundam (esta última foi descrita anteriormente nos ouriços-do-mar).

Descobertas recentes mostram que esses sinais químicos podem ser específicos até entre humanos, e assim os espermatozoides de um homem podem ser mais atraídos que os de outro. É como se a escolha pelo parceiro ideal continuasse mesmo após a relação sexual, de forma totalmente inconsciente. Sob essa perspectiva, os ovistas não estariam completamente errados quando disseram que "tudo vem do ovo".

De onde viemos

Ainda não sabemos ao certo quanto a resposta dos espermatozoides a sinais químicos mais específicos do óvulo poderia contribuir para o sucesso da fecundação nas tubas uterinas e a consequente viabilidade do embrião gerado. Grande parte dos estudos são realizados em um ambiente artificial, no qual os gametas são depositados para os procedimentos de reprodução assistida. Foi graças ao desenvolvimento dessas técnicas, iniciadas próximo a 1960, que as particularidades da fecundação na espécie humana começaram a ser compreendidas.

Ajudando a natureza

Os progressos obtidos a partir dos estudos sobre a fecundação permitiram o desenvolvimento da reprodução assistida, incluindo a fertilização in vitro, técnica já responsável pelo nascimento de cerca de 10 milhões de pessoas em todo o mundo. Na década de 1970, grupos de pesquisa de diversos países estavam tentando estabelecer protocolos que permitissem a fecundação de óvulos humanos fora do ambiente natural, as tubas uterinas. Alguns avanços já tinham sido conquistados, como o nascimento de coelhos a partir de uma FIV desenvolvida por Min Chueh Chang, um pesquisador chinês que trabalhava nos Estados Unidos. Chang coletou óvulos e espermatozoides de coelhos pretos, realizou a fertilização em seu laboratório e transferiu os óvulos fertilizados para o útero de uma coelha branca, resultando no nascimento de filhotes pretos.

Apesar dos feitos alcançados na reprodução de animais não humanos, a pesquisa com humanos carregava mais dificuldades, críticas e temores sociais. Até mesmo conseguir verba para os experimentos era um desafio. Como exemplo: o fisiologista Robert Edwards e o ginecologista Patrick Steptoe, que conduziam pesquisas com óvulos e espermatozoides humanos em Manchester, tiveram financiamento governamental negado. As críticas vinham de todos os lados: líderes religiosos e boa parte da sociedade temiam que o avanço das pesquisas representasse o início da criação artificial de humanos e uma sobreposição aos anseios divinos.

Até alguns colegas cientistas travaram forte oposição, como foi o caso de James Watson, um dos ganhadores do Nobel de Medicina em 1962 pela descoberta da estrutura do DNA. Watson afirmou que, caso a FIV fosse realizada em humanos, muitas crianças com anormalidades poderiam nascer, gerando alta mortalidade.[7] Utilizando recursos próprios e doações filantrópicas, Edwards e Steptoe persistiram nas investigações por anos, contando com o auxílio da enfermeira Jean Purdy, que se tornou a primeira embriologista humana da história. A partir de 1970, o time conseguiu gerar alguns embriões por fertilização em laboratório, mas as tentativas de transferi-los para o útero materno não resultaram em gestações.

Pouco tempo depois, entre os anos de 1977 e 1978, e já contando com o auxílio do Serviço Nacional de Saúde do Reino Unido, os pesquisadores atenderam mulheres com histórico de infertilidade que desejavam se submeter ao protocolo experimental de FIV. De um grupo inicial de 79 mulheres, 32 conseguiram ter os embriões transferidos para o útero e quatro tiveram uma gestação confirmada. Uma delas era Lesley Brown, de trinta anos, trabalhadora e de vida simples, que

De onde viemos 29

estava há nove anos tentando engravidar, sem sucesso, devido a uma obstrução nas duas tubas uterinas.

A determinação e a coragem dessa mulher a ajudaram a realizar seu maior sonho: no auge do verão em Oldham, em 25 de julho de 1978, veio ao mundo sua filha Louise Brown, saudável, com 2,7 quilos e celebrada como um marco na evolução científica da reprodução humana. O interesse da mídia na história de sucesso da FIV era tanto que jornalistas acampavam em frente ao hospital e à casa dos Brown. Apesar do entusiasmo das comunidades acadêmicas e médicas, o nascimento de Louise provocou extensos debates na sociedade e suscitou muitas questões sobre as possibilidades de geração da vida.

O nascimento da primeira "bebê de proveta" gerou uma revolução na ciência, e logo em seguida outros grupos que também estavam trabalhando com técnicas de FIV tiveram sucesso: em outubro de 1978, nasceu um bebê na Índia; em 1979, outro foi gerado pelo time britânico liderado por Steptoe, seguido por nascimentos na Austrália, nos Estados Unidos e na França. Ainda assim, o percentual de efetividade da FIV era muito inferior ao que existe atualmente, e as técnicas de estimulação ovariana, coleta de óvulos e cultivo de embriões também evoluíram muito desde então.

Em 2010, o Nobel de Medicina foi dedicado ao "desenvolvimento da fertilização in vitro", mas, como a premiação só é concedida a pesquisadores vivos, Robert Edwards foi o único ganhador. Patrick Steptoe faleceu aos 74 anos, em 1988, e Jean Purdy aos 39 anos, em 1985. Durante muitos anos após o nascimento de Louise Brown, apenas Edwards e Steptoe foram reconhecidos como os pioneiros da FIV, mesmo com tentativas do primeiro de incluir o nome de Purdy como peça fundamental para o desenvolvimento de todo o processo. Foi somente em 2022 que uma placa no The Royal Oldham Hospital homenageou Jean Purdy e Muriel Harris, outra enfermeira envolvida na equipe e nos ensaios clínicos para o estabelecimento da FIV. Assim como ocorreu com muitas mulheres cujas contribuições foram essenciais para a ciência, elas não receberam o reconhecimento por seu trabalho em vida.

Congelando o tempo

Um dos grandes legados dos estudos sobre fertilização em laboratório foi o desenvolvimento de técnicas de preservação da fertilidade. Inicialmente elas foram direcionadas a pessoas que passariam por tratamentos de saúde capazes de afetar as células que produzem os gametas, como certas quimioterapias contra o câncer. Esses medicamentos eliminam células que se proliferam rapidamente, como é o caso das células tumorais, mas também das pequenas células foliculares que revestem os óvulos e das células dos testículos que produzem espermatozoides.

A intenção primordial de um tratamento contra o câncer é preservar a vida do paciente, mesmo que isso signifique, em alguns casos, comprometer sua capacidade de gerar outra vida no futuro. Assim, a depender do regime quimioterápico ao qual crianças, adolescentes e jovens adultos precisam se submeter, preservar a fertilidade antes de iniciá-lo é uma alternativa para os que desejam ter filhos biológicos, ou mesmo para aqueles que ainda não têm uma decisão formada sobre isso.

De onde viemos 31

A opção de preservação de fertilidade mais praticada atualmente é o congelamento (criopreservação) de sêmen e de óvulos. Com a maior disponibilidade atual de serviços de reprodução assistida, o congelamento de óvulos passou a ser procurado também por mulheres que pretendem postergar a maternidade. A busca por um parceiro ideal, por maior qualificação profissional, estabilidade financeira e a dificuldade de conciliar maternidade e carreira são alguns dos principais fatores que levam mulheres a optar por congelar seus gametas. Ainda que financeiramente inacessível à maior parte da população, o congelamento tem sido até mesmo um benefício oferecido por algumas empresas para funcionárias de cargos elevados, em uma troca um tanto controversa: enquanto as mulheres doam seu tempo de vida reprodutiva para o trabalho, recebem a possibilidade de tentar uma gestação em idade mais avançada.

O refinamento das técnicas de preservação de fertilidade permitiu aumentar o percentual de sucesso em cada tentativa de FIV. Para o congelamento de óvulos, por exemplo, a técnica de vitrificação, um congelamento ultrarrápido que impede a formação de cristais de gelo, tem sido empregada nos últimos anos, levando a um maior índice de sobrevivência das células.

No entanto, mesmo as mais modernas técnicas de congelamento e os melhores protocolos de FIV não são garantia de um resultado positivo de gravidez e do nascimento de um bebê. Muitos fatores entram na conta para o sucesso do procedimento, e ainda existem diversas limitações conhecidas e até imprevisíveis que podem impedir que o processo ocorra como esperado.

Para casos em que o congelamento de óvulos ou do sêmen não é possível — como em crianças, adolescentes que ainda não atingiram a puberdade e mulheres que não podem ser submetidas à estimulação ovariana —, novas metodologias de preservação de fertilidade estão surgindo. Congelar um fragmento do ovário para reintroduzi-lo anos depois, alcançando o amadurecimento dos óvulos e a gestação, já é uma realidade.

A chamada criopreservação de tecido ovariano começou a ser estudada em modelos animais não humanos nos anos 1950, e na década 2000 surgiram os primeiros relatos de gestações em mulheres submetidas a essa técnica. Outra possibilidade recente é coletar os óvulos ainda imaturos, para que amadureçam no laboratório, em um procedimento chamado de amadurecimento in vitro de óvulos.

Para meninos que ainda não entraram na puberdade e que portanto não podem realizar a coleta e o congelamento de sêmen antes de algum tratamento que possivelmente comprometerá sua fertilidade, a retirada e preservação de um fragmento dos testículos têm sido estudadas. Ainda experimental, o objetivo dessa técnica é preservar as células mais primitivas e que podem ter a capacidade de gerar espermatozoides no futuro, assim que forem reimplantadas. Apesar de ainda não existir um caso em que isso tenha ocorrido em humanos, a técnica já foi bem-sucedida em macacos, possibilitando a produção de testosterona e de espermatozoides em machos castrados, após a reintrodução do tecido testicular. Em 2019 foi divulgado o nascimento de um filhote de macaco gerado por uma FIV realizada com os espermatozoides derivados do fragmento de testículo enxertado.[8] O futuro da reprodução assistida trará muitas possibilidades e certamente ampliará as opções para preservar a fertilidade de adultos, adolescentes e crianças.

De onde viemos 33

Doando vida

Até poucos anos atrás, mulheres com determinados tipos de infertilidade estavam fadadas a nunca gestar, como é o caso daquelas que precisaram retirar o útero ou que possuem alguma alteração nesse órgão que impeça o desenvolvimento da gravidez. A evolução da ciência tornou possível um procedimento que parecia história de filme de ficção científica: o transplante uterino.

Por ser considerado um órgão não vital, o útero é transplantado somente em casos muito específicos e de forma temporária, até finalizar uma ou mais gestações. A primeira tentativa de transplante ocorreu em 2000, na Arábia Saudita, quando uma doadora viva doou seu útero para uma mulher de 26 anos. Infelizmente não foi bem-sucedido, culminando na necessidade de retirada do órgão após três meses. Mais de uma década depois, um estudo clínico na Suécia recrutou nove pacientes, que receberam úteros de doadoras vivas. O primeiro nascimento no grupo foi registrado em 2014; a mãe tinha 35 anos e recebera o útero de uma mulher de 61 anos, com duas gestações prévias. Vários outros nascimentos já foram registrados no mesmo estudo clínico, incluindo o segundo filho de uma das participantes.

Outro desafio para os pesquisadores que estavam estabelecendo os procedimentos ideais para o transplante uterino era a possibilidade de utilizar um órgão de uma doadora falecida. Alguns grupos de pesquisa iniciaram estudos para conduzir essa técnica nos últimos dez anos, em hospitais dos Estados Unidos, da República Tcheca e do Brasil. Por aqui, essa missão coube à equipe de ginecologia do Hospital das Clínicas da

Faculdade de Medicina da Universidade de São Paulo (USP). Em setembro de 2016, uma paciente de 32 anos que nascera sem o útero recebeu a doação de uma mulher que morrera aos 45 anos e tivera três gestações.

A receptora do órgão já havia coletado óvulos anteriormente e passado pelo procedimento de FIV, que culminou com o congelamento de oito embriões. Sete meses após o transplante, um embrião foi transferido para o útero transplantado, resultando em uma gravidez e no nascimento do primeiro bebê do mundo gerado em um útero obtido de doadora falecida.[9]

O fato de a ciência permitir que mesmo após a morte de uma mulher seu útero possa conceber o desenvolvimento de outra vida ainda gera muita perplexidade, admiração e até mesmo um certo receio por parte da sociedade. Em agosto de 2024, o mesmo Hospital das Clínicas da USP realizou o primeiro transplante bem-sucedido entre doadoras vivas na América Latina, um feito alcançado em parceria com a equipe sueca que foi pioneira nessa técnica. Pouco tempo depois, uma equipe dos Estados Unidos publicou uma lista de vinte pacientes que receberam transplante uterino, resultando no nascimento de dezesseis bebês, mas com um índice de complicações obstétricas de 50%.[10]

Até o momento, mais de quarenta nascimentos já foram registrados no mundo a partir de transplantes uterinos, e, conforme as técnicas avançam, o procedimento vai deixando de ser experimental para ser oferecido como um tratamento clínico. No entanto, ainda são poucos os lugares que realizam esse tipo de transplante, que também carrega questões éticas, como o valor atribuído à maternidade biológica. Seria a gravi-

De onde viemos

dez a maior possibilidade de realizar o sonho de ser mãe? Não há uma resposta correta para essa pergunta, que depende de valores e expectativas individuais, mas a reflexão é necessária.

Além disso, por se tratar de um transplante não fundamental à vida da receptora, todos os riscos e benefícios precisam ser cuidadosamente considerados. Transplantes envolvem perigos, tanto pela cirurgia em si quanto pelas medicações supressoras do sistema imune que precisam ser utilizadas enquanto o órgão estiver transplantado (o que, no caso do útero, é temporário). A fascinante história do transplante de útero começou a ser desenhada logo após o sucesso do primeiro transplante de mão, ampliando o leque de procedimentos que incluem não apenas órgãos e tecidos vitais, mas também aqueles que, apesar de não serem fundamentais, podem aumentar a qualidade de vida das pessoas.

Entrando de cabeça

Na busca pela fecundação, o encontro dos espermatozoides com as células que circundam o óvulo não é o fim da jornada: eles agora precisarão atravessar a corona radiata e a zona pelúcida. Ao contrário das muitas animações que mostram o espermatozoide quase como um pica-pau, dando cabeçadas no óvulo para perfurá-lo, essa travessia ocorre por meio da ação de substâncias liberadas pela estrutura mais externa da cabeça do gameta masculino, que vão abrindo passagem. Quando ele finalmente ultrapassa essas barreiras, o contato com o óvulo se dá pela parte lateral da cabeça. As membranas dos dois se fundem, e o espermatozoide libera seu núcleo, contendo o material genético que então chegará dentro do óvulo.

Se essa fosse a última etapa, teríamos um problema: outros espermatozoides fariam o mesmo caminho, fundindo suas membranas com a do óvulo e liberando seu material genético. Para que isso não ocorra, o contato do primeiro espermatozoide estimula a liberação do conteúdo de grânulos estocados no óvulo, cuja finalidade é endurecer a zona pelúcida. Assim, o óvulo já fundido com um espermatozoide se torna "impermeável" aos outros.

É comum a ideia de que a entrada de dois espermatozoides em um único óvulo culmina com a formação de gêmeos, mas essa não é a regra. Para que um embrião possa se formar, precisamos de um conjunto de cromossomos materno e outro paterno. Caso ocorra alguma falha no mecanismo de "impermeabilização" do óvulo, teremos mais de dois conjuntos. Esse fato é conhecido como polispermia, e culmina com a formação de um embrião com uma quantidade incompatível de cromossomos.

Mesmo após décadas do desenvolvimento das técnicas de FIV e do estudo do processo de fecundação, tanto em humanos quanto em outros animais, ainda não compreendemos todos os seus detalhes. Já foram identificadas dezenas de proteínas que participam da jornada até a união entre espermatozoide e óvulo, mas ainda precisamos avançar no entendimento das funções de cada uma delas e de seus mecanismos de interação.

As pesquisas nessa área são complexas e precisam de muito tempo e financiamento para serem desenvolvidas. A descoberta da primeira proteína do espermatozoide que é impres-

De onde viemos 37

cindível para a fusão dos gametas em mamíferos, por exemplo, aconteceu em 2005, e somente uma década depois sua correspondente no óvulo foi descoberta.

Pesquisadores da Universidade de Osaka, no Japão, buscavam os fatores envolvidos na fusão do espermatozoide ao óvulo e encontraram uma proteína escondida sob a membrana do gameta masculino, que era externalizada logo antes do momento da fecundação. Como os cientistas têm liberdade criativa para nomear suas descobertas, eles a chamaram de "Izumo", em homenagem a Izumo-Taisha, um dos mais antigos santuários japoneses dedicados ao casamento.[11]

Uma das estratégias utilizadas para investigar a função de determinada proteína no organismo é alterar geneticamente embriões de camundongos para que eles deixem de produzir a proteína em questão. Os camundongos resultantes são chamados de nocautes (do inglês *knockout*, que no âmbito da engenharia genética significa ter um gene eliminado ou inativado). Os pesquisadores de Osaka produziram nocautes que não sintetizavam a proteína Izumo, e, apesar de os machos terem espermatozoides aparentemente normais, eles eram inférteis, pois não conseguiam realizar a fusão com a membrana do óvulo.

Em 2014, cientistas de Cambridge, no Reino Unido, publicaram a descoberta da proteína presente na membrana do óvulo que se liga a Izumo, iniciando o processo de fusão das membranas.[12] Dessa vez, o nome homenageou a deusa romana do casamento e símbolo da fertilidade feminina: Juno. Camundongos fêmeas nocautes para Juno também são inférteis, e seus óvulos não conseguem se fusionar aos espermatozoides. A interação entre Izumo e Juno foi demonstrada em muitas espécies de mamíferos, incluindo os humanos. Mais recentemente, foram identificadas outras proteínas fundamentais para a adesão e fusão dos gametas feminino e masculino, revelando a existência de um grande complexo essencial à fertilização.

Com tantos requerimentos e interações necessárias para que espermatozoide e óvulo se fundam, não são raros os casos em que esses mecanismos apresentam falhas. Por exemplo, alterações nos espermatozoides ou um baixo número deles no sêmen pode impedir que consigam atingir seu objetivo final, tanto na fecundação natural quanto nos procedimentos de FIV. Para contornar esse problema, a ciência começou a buscar alternativas na década de 1980, aprimorando as técnicas de reprodução assistida.

As tentativas inicialmente induziam uma destruição parcial na zona pelúcida, que reveste o óvulo, de modo a facilitar a entrada de um dos espermatozoides que tentavam penetrá-lo. Apesar de aumentar o índice de fecundação em um pequeno percentual dos casos, essa técnica ainda não resolvia o problema em sua totalidade e acabava resultando em um número maior de óvulos fecundados por mais de um espermatozoide, inviabilizando alguns dos embriões formados.

O obstetra e pesquisador italiano Gianpiero Palermo entrou nesse desafio um pouco ao acaso: ao iniciar um período sabático de estudos na Universidade Vrije, em Bruxelas, ele conheceu os cientistas que lá trabalhavam com reprodução assistida e se interessou por aprender as técnicas. Palermo percebeu que, apesar dos avanços conquistados com a FIV, ainda havia uma grande dificuldade em prever a fecundação

De onde viemos

em casos de "fator masculino" — como é chamado o conjunto de causas de infertilidade que têm origem no homem.

Após diversas tentativas de injetar um único espermatozoide na região próxima à membrana do óvulo, Palermo descobriu que a fertilização era quase sempre bem-sucedida quando, por alguma penetração acidental durante o procedimento, o gameta masculino conseguia atingir o centro do gameta feminino. Aprimorando a técnica, ele desenvolveu a injeção intracitoplasmática de espermatozoide (ICSI), na qual esse gameta é colocado no centro do óvulo, utilizando uma fina agulha.

Em 1992, Palermo e seus colegas publicaram um importante artigo detalhando os primeiros quatro nascimentos de bebês através dessa técnica.[13] Atualmente, a ICSI é utilizada em grande parte dos procedimentos de FIV em todo o mundo e é indicada como padrão de tratamento para os casos de infertilidade masculina.

Mesmo com muitas descobertas e novas técnicas criadas, o encontro de um óvulo com um espermatozoide nem sempre resulta em fecundação, e muitas das causas para essas falhas ainda permanecem desconhecidas. As proteínas e os mecanismos de fertilização que a ciência desvendar nos próximos anos poderão impactar diversas áreas da biologia e da medicina, indo desde o desenvolvimento de diagnósticos e novas terapias contra a infertilidade até procedimentos de reprodução artificial para animais em extinção. Conhecendo melhor os detalhes essenciais que permitem a fusão do espermatozoide ao óvulo, poderemos também elaborar novos tratamentos para evitar que isso aconteça, produzindo assim uma nova geração de contraceptivos.

2. O embrião

O DIA EM QUE O espermatozoide fecunda o óvulo, formando o zigoto, é considerado o primeiro dia do desenvolvimento embrionário. Mas na maior parte das vezes é bem difícil determinar que dia foi esse, então a gestação é contada a partir da data da última menstruação (DUM). Assim, na gravidez em um ciclo menstrual padrão de 28 dias, o dia um é o primeiro dia da menstruação, e por volta do 14º dia é quando a ovulação ocorre. Após liberado, o óvulo tem cerca de um dia para ser fecundado. Os espermatozoides podem permanecer viáveis no útero e nas tubas por cerca de 72 horas.

Um embrião no terceiro dia de desenvolvimento tem cerca de oito células e é menor que um ponto-final neste livro. Enquanto as células se dividem, o embrião migra das tubas uterinas em direção ao útero. Durante as primeiras divisões, o tamanho do embrião não aumenta, e toda essa estrutura está ainda contida dentro da zona pelúcida. Esses primeiros dias representam um mundo de possibilidades: as células podem se transformar em qualquer tecido do corpo humano!

À medida que as células-filhas assumem determinadas posições dentro da estrutura embrionária, elas começam a se especializar, e nesse ponto não há como voltar atrás. Em torno do quinto dia de desenvolvimento, as células que ficam próximas à periferia do embrião estão destinadas a formar

O embrião

as estruturas anexas a ele, como partes da placenta. As células mais centrais são as que formarão todos os tecidos do embrião em si. Essa é a fase de blastocisto, um nome muito conhecido por pessoas que estão passando pelo processo de FIV, já que alguns embriões são transferidos para o útero materno nessa fase.

A jornada solo do embrião acaba aqui, e para que ele continue a evoluir precisará passar por uma etapa importantíssima da gravidez: a implantação. O objetivo é adentrar o endométrio, a camada mais interna do útero, e acessar o oxigênio e os nutrientes vindos dos vasos sanguíneos e das glândulas uterinas da mãe. Para isso, aquela camada externa, a zona pelúcida, precisa se degenerar.

Compreender os mecanismos que levam ao rompimento dessa camada é mais uma das grandes questões que continuam desafiando a ciência da reprodução humana, já que falhas nessa etapa impedem a implantação. Acredita-se que dois fatores influenciam nesse processo: a pressão mecânica do blastocisto em crescimento e uma dissolução química induzida por substâncias secretadas pelas células mais externas do embrião.

Tudo agora precisa acontecer na mais perfeita sintonia. O endométrio, um ambiente hostil, que atua prevenindo que o útero seja invadido por bactérias, vírus e parasitas, precisa reconhecer os sinais enviados pelas células mais externas do embrião e deixá-lo entrar. É necessário ainda que essa camada do útero esteja nas condições ideais, com bom aporte sanguíneo e suficientemente espessa para receber o embrião em crescimento. Isso ocorre em um período específico, conhecido como janela de receptividade, que nos ciclos menstruais de 28 dias geralmente se dá entre o 19º e o 21º dia.

Invadindo o útero

A implantação é um processo complexo, envolvendo diversas interações entre os tecidos maternos e embrionários, muitas das quais ainda são desconhecidas em humanos. Ela ocorre em três fases: o posicionamento, em que o blastocisto busca um local no útero para se fixar ao endométrio; a adesão, mediada por interações entre proteínas do embrião e do útero; e a invasão entre as camadas de células do endométrio, fase em que o blastocisto conseguirá acessar os vasos sanguíneos maternos.

O endométrio também está passando por uma grande transformação para acomodar o embrião em crescimento, prover os nutrientes necessários e permitir sua sobrevivência, impedindo que o sistema imunológico da mãe o ataque. Pesquisas realizadas nas últimas décadas têm mostrado a importância da regulação de diversas proteínas maternas nesse momento. Em experimentos com camundongos fêmeas, por exemplo, se uma dessas proteínas é abolida, os embriões fecundados não conseguem se implantar no útero.

Assim que a implantação se inicia, a parte mais externa do embrião, que se diferenciou em células chamadas de trofoblastos, torna-se extremamente invasiva, com uma capacidade de proliferação, migração e invasão similar à do câncer. Além disso, essas células, que mais tarde formarão a placenta, também conseguem evitar o ataque do sistema imunológico contra o embrião, ao mesmo tempo que mantêm meios eficazes de defesa contra micro-organismos. As semelhanças entre os trofoblastos e as células tumorais são tantas que alguns pesquisadores se referem a elas como células "pseudo-

O embrião 43

malignas", e a esse processo de invasão para a implantação do embrião como uma "metástase fisiológica".

A principal característica que não torna os trofoblastos células tumorais de fato é que a situação é controlada: assim que atingem uma determinada profundidade nas camadas do útero, a invasão cessa. Mais uma vez, tudo precisa ser minuciosamente regulado, e alterações nesse processo podem gerar desfechos ruins. É o caso do coriocarcinoma, um raro tipo de câncer derivado das células trofoblásticas, que ocorre em uma a cada cerca de 30 mil gestações. Felizmente, esse câncer possui atualmente um altíssimo índice de cura (foi, aliás, o primeiro tipo de câncer metastático curado no mundo, em 1956).

As semelhanças entre a invasão placentária e a tumoral sugerem que as metástases do câncer possam ser uma consequência do nosso processo evolutivo. Com o surgimento dos mamíferos placentários, há 100 milhões de anos, podem ter sido selecionados mecanismos celulares que garantiram uma tolerância do sistema imunológico materno à entrada do embrião.

Com esse bônus da proteção ao embrião em desenvolvimento veio também o ônus de um maior risco para desenvolvimento de tumores que se espalham. Um exemplo que confirma isso é que os bovinos, que têm um tipo menos invasivo de placenta, possuem mais resistência à agressão de células tumorais. O aprimoramento dessas pesquisas nas próximas décadas não somente nos ajudará a compreender os mecanismos de invasão placentária, mas também possibilitará avanços no diagnóstico e tratamento do câncer.

Deu positivo?

Durante a implantação, as células trofoblásticas diferenciadas produzem um hormônio chamado de gonadotrofina coriônica humana (hCG), que se comunica com o ovário e estimula a manutenção de uma estrutura chamada de corpo lúteo. O papel do corpo lúteo na manutenção inicial da gestação é importantíssimo, pois ele vai secretar progesterona e estrogênio, os hormônios necessários para que o endométrio continue receptivo ao desenvolvimento da gravidez. Se o óvulo não for fertilizado ou se o embrião não conseguir se implantar, não ocorre a produção de hCG, o corpo lúteo se dissocia e o endométrio se desprende, levando o embrião a ser expelido junto com a menstruação.

Quando o embrião se implanta e os trofoblastos alcançam os vasos sanguíneos do útero, o hCG passa a circular também pelo sangue materno, e é a detecção desse hormônio que forma a base dos atuais testes de gravidez. No organismo da mãe, o hCG será metabolizado e degradado em subunidades, como a fração beta, que é eliminada na urina e dá nome ao famoso teste beta hCG. Esse termo acabou se popularizando, mas os exames podem dosar a fração beta, outras subunidades ou o hCG intacto. Os testes quantitativos medem quanto hormônio está sendo produzido, e os qualitativos avaliam sua presença (nesse caso o resultado dá positivo) ou ausência (resultado negativo).

Os exames modernos são muito sensíveis e conseguem detectar níveis baixos de hCG, assim que esse hormônio atinge o sangue materno, com a implantação do embrião, já nos primeiros dias de atraso menstrual. A descoberta precoce da

O embrião 45

gravidez através de um teste com grande nível de precisão e que a própria mulher pode fazer é um feito muito moderno da ciência, iniciado somente nos anos 1970. Até então, por milênios as mulheres contaram somente com os sinais muito evidentes da gravidez, e depois com testes estranhos, complexos ou com baixo índice de acerto.

O primeiro teste do qual se tem registro está descrito em um papiro egípcio datado de 1300 a.C. e, de forma impressionante, já trazia o conceito de que a urina da gestante continha algum componente diferente. A metodologia do ensaio era relativamente acessível: a mulher deveria urinar diariamente em um saco de sementes de trigo e em outro de cevada, por dez dias. Caso as sementes brotassem, confirmava-se a gravidez. O teste vinha com uma espécie de "chá de revelação" embutido: se as sementes de cevada brotassem primeiro, o feto era menino; se fossem as de trigo, era menina.

Obviamente a determinação do sexo do bebê por esse exame não era nada fidedigna, mas a ideia de que a urina de uma gestante facilita a germinação de sementes carrega certa plausibilidade. A hipótese é que níveis elevados de estrogênio presentes na urina das gestantes nesse período inicial possam acelerar a germinação, além de estimular o crescimento das plantas.

Curiosamente, três pesquisadores testaram essa metodologia em 1963, na época da corrida por testes de gravidez com alta precisão, e encontraram concordância com os resultados positivos para gravidez em cerca de 70% dos casos. Não que esse seja um bom nível de acerto para um exame moderno, mas esteve presente por muitos séculos na história da humanidade, mesmo antes de qualquer conhecimento a respeito de hormônios e de desenvolvimento gestacional.

Outras metodologias da época não eram tão eficazes, como é o caso do ensaio da cebola, registrado também em papiros egípcios e na Grécia antiga (400 a.C.). Para esse teste, a mulher deveria inserir uma cebola em sua vagina à noite, e, a depender de seu hálito no dia seguinte, era diagnosticada a gravidez. Existem algumas divergências nos documentos históricos a respeito de qual seria o indicador da gestação — se a presença ou a ausência do hálito acebolado —, mas, levando em conta a total falta de razoabilidade do teste, não foi dos mais adotados na Antiguidade.

As técnicas baseadas na análise da urina eram as mais populares até na Idade Média. Nessa época, aprimorou-se a ciência da uroscopia, a prática médica de avaliar condições de saúde através da inspeção visual da urina. Os especialistas nessa área, chamados de "profetas da urina", também tentavam diagnosticar a gravidez usando testes que iam desde a análise visual até misturas inusitadas.[1] O aspecto da urina de uma gestante era descrito como "cor de limão claro, tendendo para o esbranquiçado, com uma superfície levemente turva".[2] Dizia-se que a adição de vinho à urina de alguma forma facilitaria o diagnóstico.

Muitos séculos depois, entre 1890 e 1920, foram feitas várias descobertas importantes a respeito do desenvolvimento da gestação. O fisiologista inglês Ernest Starling definiu o conceito de hormônios, palavra derivada do verbo grego *hormôn* (despertar ou excitar), e os descreveu como mensageiros químicos secretados por determinadas células e transportados pela corrente sanguínea até o órgão que afetam. Em seguida, outros pesquisadores identificaram hormônios importantes na regulação do ciclo menstrual e da gravidez.

O *embrião* 47

Alguns laboratórios da Europa identificaram um hormônio que promovia o desenvolvimento dos ovários em coelhas e camundongos fêmeas e reconheceram que gestantes produziam uma substância específica, que somente décadas depois seria isolada e conhecida como o hcg. Mesmo ainda sem saber com qual hormônio estavam lidando, essa descoberta formou a base para o desenvolvimento de uma nova era nos testes de gravidez.

O primeiro método dessa época foi estabelecido pelos médicos alemães Selmar Aschheim e Bernhard Zondek em 1927, e chamado de teste A-Z (dados os sobrenomes). Bizarramente, a metodologia consistia em injetar a urina da mulher a ser testada em cinco camundongos fêmeas jovens, duas vezes por dia, durante três dias. No quarto dia, os animais eram mortos e os ovários, inspecionados. Caso estivessem aumentados (duas a três vezes o tamanho normal) e com outros sinais visíveis, como a presença do corpo lúteo (visualizado como um pontinho amarelo), a mulher estava grávida.

Um teste como esse seria impensável nos dias de hoje, até pelas questões éticas com os animais não humanos, mas à época foi muito utilizado pela camada mais privilegiada da sociedade — além de ser custoso, necessitava de uma consulta prévia com o médico e do envio da urina via transportadora. Após cerca de 2 mil testes A-Z executados, estimou-se um índice de sucesso na detecção da gravidez de até 98%.

Uma nova versão foi desenvolvida pelo fisiologista Maurice Harold Friedman em 1930, nos Estados Unidos. No teste de Friedman, os camundongos fêmeas foram substituídos por coelhas, nas quais era injetada urina durante dois dias e, em seguida, realizada uma exploração cirúrgica sob anestesia, para observação dos ovários. A principal diferença é que no teste de Friedman os animais poderiam ser reutilizados por até três vezes. O fato de que coelhas de laboratório em dado momento seriam mortas para a realização de testes de gravidez originou a expressão *"the rabbit died"* (a coelha morreu) para indicar que uma mulher estava grávida, que se tornou muito popular na Europa e nos Estados Unidos nessa época.

Na sequência, o cientista britânico Lancelot Hogben descobriu que a injeção de urina de gestantes poderia induzir a ovulação também em fêmeas de sapos, e a partir disso foi desenvolvido o teste de Hogben. A grande vantagem aqui foi que, como a ovulação nos sapos é externa, no meio aquático, a observação do resultado era muito mais fácil e rápida, e os animais poderiam ser reutilizados inúmeras vezes. O anfíbio usado era o sapo-com-garras africano, também conhecido como *Xenopus*, nativo da África subsaariana.

Nos anos seguintes surgiram algumas variações, como o teste de Galli-Mainini, criado por um médico argentino em 1947 e que utilizava sapos machos nativos da América do Sul, como o sapo-da-areia. Se a urina injetada tivesse altas concentrações de hcG, nas horas seguintes ocorria um estímulo à liberação de espermatozoides nos sapos, fato que era verificado ao microscópio.

O teste de Galli-Mainini foi usado em vários países da América Latina, incluindo o Brasil. Já o teste de Hogben foi amplamente realizado até meados de 1960 em países da Europa e América do Norte, e, com isso, dezenas de milhares de *Xenopus* foram importados do continente africano para suprir a demanda. Apesar da popularidade, o uso de testes de gravidez não era a norma: continuava restrito a uma pequena

O embrião 49

camada da população que podia pagar consultas médicas de pré-natal, plano de saúde e o exame em si. A maioria das mulheres do mundo continuava esperando semanas ou meses até perceber se estava grávida ou não.

A revolução teve início com o desenvolvimento dos primeiros métodos que dispensavam o uso de animais não humanos vivos e que poderiam ser feitos em um consultório médico, no início da década de 1960. Os chamados testes imunológicos só foram possíveis após a produção de anticorpos capazes de reconhecer e se ligar ao hCG presente na urina ou no sangue. Com isso, os médicos não precisariam mais despachar amostras de urina para os laboratórios, e milhares de *Xenopus* espalhados por clínicas diagnósticas do mundo tornaram-se obsoletos. A liberdade dos sapos, no entanto, foi decretada em parte, já que muitos passaram a ser usados como modelos para o estudo de diversas áreas da biologia, entre as quais o desenvolvimento embrionário. Alguns foram soltos acidental ou até propositalmente nas cidades, misturando-se aos anfíbios nativos, ou mesmo viraram animais de estimação.

A importação dos *Xenopus* e sua liberação no ambiente fizeram com que essa espécie hoje esteja presente em todos os continentes, muitas vezes associada a alguns fungos nativos que podem infectá-la e que, supõe-se, foram a porta de entrada para a contaminação de outras espécies menos resistentes. Acredita-se que dezenas de espécies de anfíbios tenham sido extintas no mundo devido a essa infecção fúngica a partir da ascensão e queda dos *Xenopus* como parte dos testes de gravidez.

Apesar de não necessitarem de animais não humanos vivos, os primeiros testes imunológicos não aboliram totalmente o uso deles, já que alguns mamíferos eram necessários para a produção dos reagentes. A primeira versão utilizava hemácias de ovelhas revestidas com hcg e anticorpos que se ligavam a esse hormônio. Caso a mulher não estivesse grávida, sua urina não conteria hcg, e, ao misturá-la com todos os reagentes do kit, ocorreria uma ligação dos anticorpos às hemácias, formando grumos visíveis a olho nu.

Em caso de gravidez, os anticorpos se ligariam ao hcg presente na urina, não ocorrendo a aglutinação com as hemácias nem a formação de grumos. Os resultados demoravam pouco mais de uma hora, uma grande revolução se comparado aos testes anteriores, em que era necessário esperar horas ou dias para verificar a ovulação das fêmeas em resposta à urina da mulher. Uma segunda versão do teste de aglutinação substituiu as hemácias de ovelhas por partículas de látex, o que aumentou a acurácia, mas ainda havia a necessidade de um médico para sua realização.

Somente na década de 1970 os primeiros testes para uso doméstico começaram a ser desenvolvidos, graças à publicitária estadunidense Margaret Crane. Ela trabalhava em uma linha de cosméticos da empresa Organon, e, em uma visita ao setor da empresa que produzia reagentes para os testes, teve a ideia de transformar o diagnóstico laboratorial da gravidez em um kit acessível, para que toda mulher tivesse direito a saber se esperava um bebê ou não.

Margaret construiu um protótipo, que a princípio foi rejeitado, já que os principais clientes da companhia eram médicos. Mesmo assim, a Organon aceitou registrar uma patente em conjunto e um tempo depois comprou a ideia, com Margaret cedendo seus direitos por um dólar. A tentativa de

O embrião 51

vender o kit nos Estados Unidos em 1971 foi frustrada, devido às grandes exigências da agência regulatória Food and Drug Administration (FDA) e à pressão pública. Com a ciência, a política e a medicina dominadas por homens, um teste de gravidez que garantisse autonomia às mulheres não parecia uma boa ideia. Para alguns, isso seria uma espécie de "ferramenta feminista" para que elas controlassem a gestação e aumentassem sua liberdade sexual.

O teste, no entanto, foi aprovado no Canadá, onde em 1971 foi lançado o primeiro kit para diagnóstico doméstico de gravidez, com o nome de Predictor. Apesar da possibilidade de ser feito pela própria mulher, não se assemelhava em nada aos testes de hoje em dia e necessitava de dez etapas utilizando tubos, pipetas e misturas de reagentes, algo mais parecido com um daqueles kits de laboratório de brinquedo.

O teste foi liberado para comercialização nos Estados Unidos apenas em 1976, três anos após a descriminalização do aborto, a um custo de dez dólares. O primeiro protótipo desenvolvido por Margaret Crane foi vendido para o Smithsonian National Museum of American History em 2015, por 12 mil dólares, sendo considerado um símbolo do avanço científico e da revolução cultural que marcou a história da autonomia e da saúde reprodutiva das mulheres.

No fim da década de 1980 foram lançados os testes de tira, semelhantes aos que utilizamos atualmente, com uma metodologia extremamente simples, sensível e específica. O resultado aparece em cerca de cinco minutos, com mais de 99% de acurácia, e o exame pode ser feito logo nos primeiros dias de atraso menstrual ou até antes, de acordo com alguns fabricantes. Em 2003 foram lançados os primeiros testes digitais, em uma tentativa de aprimorar a leitura do diagnóstico; neles o resultado aparece escrito em um visor, em vez de simbolizado por uma linha.

Apesar da extrema facilidade, é inegável que os testes modernos têm um ônus: a poluição ambiental. Provavelmente as primeiras tiras plásticas utilizadas desde 1980 ainda estão entre nós, e o descarte das mais atuais, que incluem componentes eletrônicos e baterias, é ainda mais complexo. Iniciativas independentes, como startups criadas por mulheres, desenvolveram recentemente testes de gravidez em papel, totalmente biodegradáveis, mas com fabricação muito limitada. Ainda pouco acessíveis, soluções como essa precisarão ser popularizadas, e a próxima revolução na ciência do diagnóstico precoce da gestação deverá ser verde.

A semana mais importante de todas

Lewis Wolpert foi um embriologista britânico que nasceu na África do Sul, em 1929, e fez muitas contribuições para a pesquisa e a divulgação dos eventos que ocorrem nos primeiros dias e semanas do desenvolvimento embrionário. Seu grande interesse era entender como um óvulo fertilizado origina um embrião completo e como as primeiras células diferenciam-se umas das outras, "sabendo" qual tipo celular e qual tecido biológico devem formar.

Uma das chaves nesse processo é o fenômeno chamado de gastrulação, que ocorre no início da terceira semana de desenvolvimento embrionário (ou quinta semana de gestação, contada pela data da última menstruação) e envolve a

O embrião 53

movimentação de células ao longo do embrião. Imaginem um grande corredor entre duas salas, onde muitas pessoas estão andando na mesma direção e em cujas paredes estão instaladas mangueiras jogando tintas de diferentes cores. Dependendo da posição de cada pessoa ao passar, ela ficará pintada com um gradiente de cores que determinará seu destino na sala seguinte.

Isso é semelhante ao que acontece no desenvolvimento embrionário, considerando que na segunda semana o embrião é semelhante a um disco, e as pessoas de nossa analogia representam as células se proliferando e passando por um minúsculo corredor central, onde receberão sinais químicos que as marcarão para um determinado destino na etapa seguinte. Apesar do entendimento sobre o conceito em si, ainda precisamos responder a muitas questões sobre esse fenômeno, como quais são os padrões espaciais de distribuição dos sinais químicos e como os sinais recebidos são interpretados pelas células, o que pode trazer avanços para a compreensão de diversas alterações embrionárias, além de auxiliar no desenvolvimento da medicina regenerativa.

Ao fim do processo de gastrulação, o embrião se parece com um sanduíche de três camadas, e cada uma delas está destinada a formar alguns de nossos cerca de duzentos tipos celulares. A camada superior dará origem ao sistema nervoso, pele, pelos, unhas, glândulas sudoríparas e dentes, entre outros; a camada média formará músculos e vasos sanguíneos; e a camada inferior dará origem a órgãos do sistema respiratório e digestório.

A importância dos eventos da terceira semana é tamanha que Wolpert cunhou uma frase para representá-la: "Não é o nascimento, o casamento ou a morte, mas sim a gastrulação que é verdadeiramente o momento mais importante da sua vida".[3] A citação rapidamente passou a ser compartilhada em congressos acadêmicos, livros-textos e até mesmo em programas de televisão.

Além de ajudar professores de embriologia a justificar que, sem esse importante evento, seríamos apenas grandes bolas de células com tecidos misturados, a frase convida as pessoas que não têm formação na área a entender o que seria esse fenômeno de nome incompreensível. Ora, se casamentos e nascimentos, tão conhecidos e comemorados, são menos importantes que essa tal gastrulação, o que de tão especial acontece nesse momento?

A citação também é útil para reforçar a importância de estudar o desenvolvimento inicial e para mostrar que um fenômeno tão imprescindível precisa ser mais bem compreendido em seres humanos. Curiosamente, os estudos de Wolpert baseiam-se em ouriços-do-mar, modelos muito utilizados na pesquisa do desenvolvimento embrionário por apresentarem fertilização externa, em que os ovos e os espermatozoides se reúnem no ambiente aquático.

Revelando a caixa-preta do desenvolvimento humano

Entender todos os delicados processos que ocorrem durante a gastrulação e outras etapas essenciais do desenvolvimento embrionário humano, como a implantação, não é simples. O principal motivo é a dificuldade de estudar embriões humanos, o que inclui as questões éticas. Por isso, o nosso conhecimento

O embrião 55

sobre essas primeiras semanas se resume a observações feitas em raras coleções pelo mundo, como a Carnegie, que detalhou 23 estágios de desenvolvimento de embriões humanos, e a resultados de estudos em animais não humanos. Diferentes aspectos da embriologia e da biologia do desenvolvimento são estudados em modelos de moscas, galinhas, camundongos, vermes, peixes, ouriços e até mesmo nos *Xenopus*. As pesquisas com esses animais nos ajudam a compreender, por exemplo, quais sinais químicos são responsáveis pela transformação de uma célula do blastocisto em um neurônio, e também auxiliam a encontrar fatores que podem alterar o desenvolvimento inicial dos humanos.

O momento mais importante pelo qual passamos, segundo Lewis Wolpert, é ironicamente um dos mais misteriosos para a ciência, restando a nós inferir seus passos e características a partir dos resultados obtidos nos modelos animais. A utilização de embriões humanos para FIV nos ensinou muito a respeito dos cinco ou seis primeiros dias pós-fecundação, momento no qual os embriões são transferidos para o útero materno ou congelados.

Os eventos que ocorrem após esse período são considerados uma "caixa-preta do desenvolvimento humano", já que não podem ser observados diretamente no útero nem estudados em laboratório, devido à necessidade de os embriões se implantarem. Porém, avanços recentes têm permitido aumentar o entendimento sobre as etapas iniciais da gestação, com o desenvolvimento de metodologias que prolongam o cultivo de embriões humanos.

Em 2016, o grupo da professora Magdalena Zernicka-Goetz, da Universidade de Cambridge, anunciou a elaboração de um novo método de cultivo que permitiu a manutenção de embriões humanos por uma semana adicional. Esses embriões, doados por casais que passaram por FIV, conseguiram se implantar em um sistema artificial que continha exatamente os fatores e sinais químicos necessários para o processo, e, pela primeira vez, revelaram detalhes do processo de implantação e do preparo para a gastrulação. O trabalho mostrou que existem pequenas, mas importantes, diferenças nessas etapas entre humanos e camundongos, por exemplo, reforçando que os achados em outros modelos animais não humanos nem sempre são relevantes à nossa espécie. Além disso, foi possível observar a incrível capacidade de auto-organização do embrião humano, mesmo na ausência de tecido materno.

O cultivo dos embriões implantados foi interrompido logo antes do 14º dia, pois normas éticas existentes em muitos países proíbem a extensão além de duas semanas. Essas regras foram desenvolvidas antes mesmo que os pesquisadores fossem capazes de fazer esse tipo de estudo, evitando que o desenvolvimento da ciência da reprodução humana rompesse fronteiras morais da sociedade. Mesmo com a atual limitação do número de dias, a capacidade de estudar a implantação humana em cultura poderá nos ajudar a entender por que mais da metade dos embriões não consegue se implantar, levando a perdas gestacionais precoces (que muitas vezes passam despercebidas pelas mulheres) e a grandes índices de falha em procedimentos de fertilização in vitro.

São essas questões que inspiram as pesquisas de Zernicka-Goetz, além de suas próprias experiências pessoais, como a que ocorreu em sua segunda gestação, descoberta somente

O embrião 57

por volta dos quatro meses. Um exame genético das células da placenta revelou que um quarto delas apresentava cópias adicionais do cromossomo dois, mas seu filho nasceu sem qualquer alteração cromossômica.

Isso a fez criar um modelo de estudo em seu laboratório, utilizando embriões de camundongo chamados mosaicos, nos quais algumas células são típicas e outras apresentam alteração cromossômica, a fim de entender como o próprio embrião muitas vezes elimina suas células defeituosas. Compreender o destino dessas células e como elas são eliminadas é de grande importância, já que a maioria das perdas gestacionais ocorre por alterações no número dos cromossomos, o que também pode ocorrer com embriões gerados por fertilização in vitro.

Outro importante avanço alcançado recentemente e que poderá mudar nossa compreensão sobre os estágios iniciais do desenvolvimento é a produção de modelos de embriões sem utilizar espermatozoides ou óvulos. O feito, que parece ter sido retirado de filmes de ficção científica, se tornou realidade graças ao uso de células-tronco de camundongos e foi alcançado em dois laboratórios em 2022: pelo grupo de Zernicka-Goetz[4] e pela equipe do professor Jacob Hanna, do Instituto Wezmann, em Israel.[5]

A receita para a formação dos modelos consiste em misturar alguns tipos de células-tronco embrionárias, que formarão todos os tipos de células do corpo dos camundongos, a estruturas anexas ao embrião, como a placenta. Quando cultivadas com os sinais químicos e as condições corretas, essas células se auto-organizam em estruturas semelhantes a embriões que contêm intestino, coração batendo e até um cérebro primitivo. Os embrioides gerados foram viáveis por cerca de nove dias, o que pode parecer pouco, mas representa quase a metade do tempo de gestação de um camundongo. O objetivo agora é entender como ocorre a interação entre os diferentes tipos de células no embrião e o que pode ser feito para reorientá-la, caso algo dê errado.

A produção dos modelos de embriões de camundongo abriu a possibilidade para que o mesmo método fosse testado com células-tronco de humanos, e em 2023 foi alcançado um feito histórico: a geração do primeiro modelo de embrião humano produzido sem espermatozoide ou óvulo. Os autores fazem parte das equipes dos professores Magdalena Zernicka-Goetz e Jacob Hanna, e a metodologia consiste em transformar células-tronco embrionárias humanas nas células trofoblásticas e naquelas que compõem as três camadas do embrião após a gastrulação.

Todas essas células diferenciadas são incubadas juntas e se auto-organizam em estruturas semelhantes ao embrião humano. Semelhantes, não iguais, já que o modelo formado não recapitula completamente todos os aspectos, e por isso não deve ser chamado de "embrião artificial" ou "embrião sintético", como anunciado por alguns veículos inicialmente. Além disso, esses modelos, pelo menos nos atuais estágios de desenvolvimento experimental, não teriam a capacidade de se implantar, caso fossem transferidos para um útero.

Se os modelos de camundongos foram cultivados até quase metade de seu período gestacional e geraram inclusive um coração que bate, o mesmo não aconteceu com os modelos humanos. Devido ao respeito em relação às normas éticas, os experimentos foram novamente interrompidos dentro dos

O *embrião* 59

catorze dias da legislação internacional. Após décadas estudando os seis primeiros dias do embrião — e com muitas questões ainda sem resposta —, o futuro promete trazer um entendimento melhor a respeito de nossas duas primeiras semanas de desenvolvimento.

Apesar da grande conquista e dos inúmeros benefícios que os modelos de embriões humanos podem trazer — como responder a perguntas básicas sobre nosso desenvolvimento, testar novas terapias contra perdas gestacionais, entender a origem de malformações fetais e diversas doenças, e até mesmo criar tecidos e órgãos para transplante —, inúmeras questões éticas e controvérsias surgem.

Se os modelos não são exatamente embriões, eles deveriam entrar na "regra dos catorze dias"? Mesmo no caso de embriões humanos de fato essa regra deveria ser mudada, já que agora temos tecnologia para tentar cultivá-los por ainda mais tempo? Na época em que essas normas éticas foram estabelecidas, no início dos anos 1980, não havia a menor possibilidade de criar modelos de embrião ou cultivá-los além de seis dias. Estender a regra possibilitaria o estudo de processos importantíssimos para nossa espécie, como a gastrulação e o início da formação do sistema nervoso, que também ocorre na terceira semana.

Nesse caso, qual seria o limite adequado? Mesmo que os modelos atuais estejam muito longe de gerar um ser humano completo e que essa nunca tenha sido a motivação dos cientistas, como garantir que futuramente outros grupos não tentem fazer isso? Os novos modelos embrionários de células-tronco humanas ainda estão estreando, e o momento agora é de antever o desenvolvimento futuro da ciência e estabelecer

Ajudando a fechar o tubo

Outro importante evento da terceira semana de desenvolvimento é o início da formação do sistema nervoso central. Para isso, a parte mais ao centro da camada superior do embrião começa a se espessar e forma duas pregas paralelas, com um sulco no meio. Essas pregas se fundem, gerando o tubo neural. Ele se estende da futura região da cabeça até cerca da metade do embrião, e posteriormente originará o encéfalo e a medula espinhal. O fechamento do tubo neural, com a fusão das pregas, tem início na parte central e avança em direção às extremidades, como um zíper de duas pontas fechando um casaco nos dois sentidos.

Em humanos, o fechamento do tubo neural é concluído cerca de 28 dias após a concepção e é considerado uma etapa crítica na formação do embrião. Falhas nesse mecanismo produzem um grupo de condições chamado de defeitos no fechamento do tubo neural (DFTN), que vão desde graves alterações, como a anencefalia, até malformações que podem gerar poucos sintomas, como a espinha bífida oculta. Os DFTN estão presentes em cerca de dois a cada mil nascimentos, e a origem deles é considerada multifatorial, sendo um objeto de pesquisa da ciência há várias décadas.

Nos anos 1960, o pediatra Richard Smithells e a obstetra Elizabeth Hibbard estudaram um grupo de gestantes em Liverpool e perceberam que naquelas que tiveram bebês com

O embrião

DFTN a deficiência de folato (vitamina B9) era muito mais comum. Eles chegaram à hipótese de que esse tipo de malformação poderia ser originado, pelo menos em alguns casos, por um defeito genético no metabolismo do folato.

As suspeitas aumentaram nos anos seguintes a partir de outras pesquisas realizadas e, para tirar a prova, um grande estudo clínico foi conduzido em sete países, visando determinar se a suplementação com ácido fólico (uma forma sintética do folato) ou outras vitaminas administradas próximo ao período da concepção poderia prevenir os DFTN. Nesse estudo, 1817 mulheres que já tinham passado por uma gravidez com DFTN, e portanto tinham um risco maior de recorrência, foram separadas aleatoriamente em quatro grupos: um que receberia ácido fólico, um que receberia uma mistura de outras vitaminas, um que receberia os dois tratamentos e um grupo de controle (sem tratamento algum).

Em 1991 os resultados finais do estudo foram publicados, demonstrando que a suplementação de ácido fólico teve um efeito protetor de 72% para a prevenção de DFTN nessas gestantes; a partir disso, concluiu-se que a suplementação com ácido fólico seria uma medida simples e altamente recomendada para as mulheres com histórico de DFTN. No ano seguinte e a partir de outros estudos, a recomendação foi estendida para todas as gestantes.

Como o fechamento do tubo neural ocorre entre a terceira e a quarta semanas de desenvolvimento embrionário, a suplementação precisa ser iniciada antes da concepção, de forma a gerar níveis adequados de folato nas semanas seguintes. Aí surgem dois problemas: muitas mulheres não sabem que estão grávidas nesse período inicial, e cerca de metade das gestações não são planejadas. Uma medida de saúde pública adotada para sanar questões como essa é a fortificação de alimentos bastante consumidos pela população, o que poderia abranger grande parte das mulheres em idade reprodutiva.

Muitos países passaram a adotar a fortificação mandatória com ácido fólico em determinados alimentos a partir do final da década de 1990, e as diretrizes da Organização Mundial da Saúde (OMS) recomendam essa medida. No Brasil, desde 2002 vigora a fortificação obrigatória das farinhas de trigo, e é por isso que encontramos nas listas de ingredientes de alguns produtos o texto: "farinha de trigo enriquecida com ferro e ácido fólico". A suplementação de ferro ocorre como medida para evitar anemia ferropriva, principalmente em crianças. A análise dos registros de nascimentos antes e depois da fortificação compulsória no Brasil revelou uma redução de aproximadamente 30% na prevalência de DFTN. Contudo, a fortificação dos alimentos não é garantia de que todas as gestantes terão o aporte necessário de ácido fólico, e por isso a suplementação continua recomendada para mulheres que planejam engravidar e no início da gestação.

Mesmo com tantas pesquisas na área, ainda não compreendemos exatamente como o folato previne defeitos no fechamento do tubo neural. Sabemos que ele é necessário para produzir nucleotídeos (as peças que formam o DNA), e que a proliferação celular e a síntese de DNA são intensas durante a formação dos primórdios do sistema nervoso central do embrião, então acredita-se que níveis inadequados de folato possam comprometer a formação das pregas neurais e a consequente fusão delas, etapas que antecedem a formação do

O embrião 63

tubo. Novas evidências têm sugerido que níveis adequados de folato durante a gestação também estão associados a menor incidência de alterações neurológicas e cognitivas nas crianças, embora o mecanismo para isso ainda seja desconhecido.

Os primeiros batimentos

Ao final da terceira semana pós-fecundação, o embrião já desenvolveu uma espécie de coração primitivo, ainda chamado de tubo cardíaco e bem distante da forma real de um coração, mas que logo começará a bater. O sistema cardiovascular é o primeiro a se desenvolver, devido ao intenso crescimento do embrião e à demanda por oxigênio e nutrição. Nessa etapa, por volta da sexta semana de gestação, as células cardíacas têm uma contração rítmica e o sangue já flui no tubo, sendo que a própria pressão sanguínea ajudará o coração a se dobrar, formando as cavidades, à medida que o embrião vai crescendo.

Uma ultrassonografia nessa fase ainda não consegue visualizar o coração primitivo do embrião, devido a seu tamanho muito reduzido, mas, graças à pulsação precoce, é possível ouvir as batidas. Se essas células cardíacas primitivas fossem cultivadas em laboratório, elas manteriam a capacidade contrátil, reproduzindo o batimento cardíaco. Transformar células-tronco em células cardíacas pulsantes que possam se desenvolver em tecido cardíaco ou até mesmo em um coração completo é um dos objetivos de muitos grupos de pesquisa pelo mundo. As doenças cardiovasculares são a maior causa de morte em adultos, e, devido à forma orquestrada e complexa com que ocorre a formação do coração, alterações cardíacas são o tipo de defeito de formação mais comum nos embriões humanos, atingindo cerca de 1% dos nascidos.

Só para dar uma ideia da complexidade de passos para a formação do coração, até mesmo a posição dele, com o ápice direcionado para a esquerda, é finamente regulada ainda nas primeiras semanas. A maioria de nossas características externas é simétrica, mas, em contraste, muitos órgãos internos apresentam assimetria direita-esquerda. O estabelecimento dessa assimetria é um dos eventos biológicos fundamentais do desenvolvimento, e ainda temos muitas lacunas de conhecimento a preencher sobre esse tema.

A formação do tubo cardíaco e seu consequente dobramento é uma das primeiras assimetrias visíveis na formação do embrião, e, para que isso aconteça, as células precisam estar corretamente posicionadas e recebendo sinais químicos específicos. Quando o embrião ainda tem o formato de um disco, algumas de suas células centrais apresentam cílios, longas ramificações da membrana celular que, ao se moverem de forma coordenada, conseguem fazer uma movimentação de fluidos. Esses cílios giram no sentido horário e, com isso, produzem um fluxo de sinais químicos para a esquerda, o que determina a assimetria.

Alterações genéticas que levam à falta de motilidade desses cílios celulares são responsáveis por cerca de metade dos casos de inversão no posicionamento dos órgãos, incluindo o coração. Muitas pesquisas continuam sendo conduzidas para entender a complexa rede de sinalização química responsável pela formação do coração e como as células embrionárias recebem e processam esses sinais. Os resultados obtidos nos

O embrião

próximos anos poderão nos ajudar a encontrar terapias cada vez mais eficazes para as cardiopatias fetais.

O desenvolvimento até a oitava semana

Na quarta semana de desenvolvimento (equivalente à sexta semana de gestação), o corpo do embrião começa a tomar forma: é o período de organogênese, a formação dos órgãos. O estudo do desenvolvimento de cada sistema do corpo é muito complexo e geralmente considerado pelos alunos a parte mais difícil da embriologia. São dezenas de nomes, de movimentos coordenados de camadas de células, formações de estruturas intermediárias e sequências que devem ocorrer em momentos determinados. Em algumas aulas utilizo estratégias como a confecção de partes dos embriões com massinha de modelar em diferentes cores e muitos vídeos de animação, de modo que a observação do movimento e dos dobramentos das estruturas facilite o aprendizado da organogênese.

Nessa fase, a estrutura que antes se assemelhava a um sanduíche de três camadas cresce rapidamente e vai iniciar dobramentos nas extremidades laterais e no eixo crânio-caudal. Agora também surge o que chamamos de intestino primitivo. A formação do embrião seguirá uma sequência parecida com a conhecida canção infantil "cabeça, ombro, joelho e pé": os membros superiores são formados primeiro, a partir de brotos, seguidos pelos brotos dos membros inferiores. Ao fim dessa semana o embrião tem cerca de cinco milímetros de comprimento.

Na quinta semana é formada a vesícula do cristalino nos olhos e se inicia o desenvolvimento da boca. O cérebro primitivo está em rápido crescimento, e se divide em cinco vesículas. Com tantas mudanças, o crescimento da cabeça excede o de outras regiões, e o embrião ainda mantém uma aparência bastante desproporcional entre as partes. Depois do crescimento dos brotos dos membros, surgem agora as placas que formarão as mãos e, ao fim dessa semana, as placas dos pés.

Na sexta semana os dedos começam a se formar através de raios digitais nas placas das mãos. Os braços e antebraços estão mais definidos, e podemos até distinguir os cotovelos. A cavidade abdominal começa a ficar apertada com o crescimento dos órgãos, como o intestino e o fígado. Assim, uma parte do intestino se projeta para a parte inicial do cordão umbilical, liberando espaço para outros órgãos. É o que chamamos de herniação intestinal fisiológica, a qual dura cerca de um mês, até o abdômen aumentar de tamanho e permitir que o intestino ocupe sua posição final.

Na sétima semana o embrião já tem pálpebras e sua retina está pigmentada. A face começa a tomar forma, já que as estruturas que iniciaram seu desenvolvimento nas laterais da cabeça estão se movendo para o centro do rosto. As mãos já conseguem se mexer, e punhos e espaços entre os dedos começam a aparecer.

Na oitava semana a movimentação do embrião é mais intensa: ele gira a cabeça e move braços e pernas, mas, como ainda é muito pequeno, a mãe não consegue sentir. (Somente no período fetal, por volta da 16ª semana, os movimentos começam a ser sentidos pela mãe — uma das partes mais emocionantes da gravidez.) A movimentação é fundamental

O embrião 67

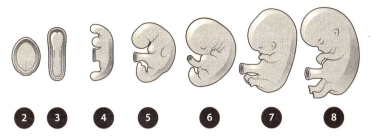

Desenvolvimento do embrião humano, da segunda até a oitava semana após a concepção (Cássio Bittencourt).

para o desenvolvimento do sistema ósseo e articular do futuro bebê. Nessa etapa, alguns embriões já soluçam no útero. Nos embriões do sexo feminino os ovários já estão presentes e, naqueles do sexo masculino, inicia-se a diferenciação dos testículos, que já são capazes de secretar testosterona. Os dedos dos pés e das mãos já estão separados. O fim da oitava semana, que corresponde à décima semana de gestação, marca o término do período embrionário. O embrião tem cerca de três centímetros e a partir da próxima semana será considerado um feto.

3. O feto

A PARTIR DA NONA semana de desenvolvimento, os órgãos e sistemas que foram formados no embrião continuarão seu crescimento, diferenciação e especialização. Novas estruturas corporais surgirão, e a complexidade dos sistemas vai aumentar. A cronologia do desenvolvimento fetal é bastante conhecida atualmente, mas nos séculos passados, quando não existiam exames de imagem, tudo o que se sabia era originado de poucas análises realizadas em gestantes que iam a óbito.

Leonardo da Vinci fez dissecções e desenhos impressionantes, mostrando pela primeira vez a posição do feto no útero e revelando que este tinha apenas uma câmara. A ideia vigente até então era de que o útero humano seria composto de várias câmaras, e que a gestação em mais de uma delas seria responsável pelo nascimento de gêmeos. Da Vinci também mediu fetos e considerou que, ao estarem completamente formados, mediriam *uno braccio* — um braço, cerca de sessenta centímetros; ele percebeu ainda que o crescimento intrauterino é mais rápido do que após o nascimento.

Os fetos realmente se desenvolvem muito rápido, e essa velocidade é maior ou menor conforme o período. Por exemplo, o aumento do tamanho corporal da 13ª à 16ª semana após a concepção é muito rápido, o que torna a cabeça relativamente menor em relação ao período embrionário. Já da

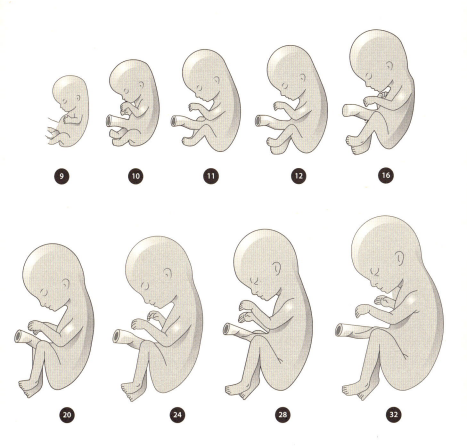

Comparação do crescimento ao longo das semanas de desenvolvimento fetal. Na nona semana após a concepção (considerada a primeira semana de desenvolvimento fetal), o feto pesa cerca de oito gramas. Com 32 semanas, o peso é superior a dois quilos. Um feto a termo, com 38 semanas de desenvolvimento embrionário (equivalente a quarenta semanas de gestação, contadas a partir da data da última menstruação), tem cerca de 3,5 quilos e mede aproximadamente cinquenta centímetros (Cássio Bittencourt).

17ª à vigésima semana há uma desaceleração, e nesse período é formada a gordura marrom — um depósito adiposo em partes específicas do feto, que colabora para a produção de calor após o nascimento.

É menino ou menina?

Uma das primeiras perguntas que uma gestante ouve após anunciar a gravidez é se já sabe o sexo do futuro bebê. Muito antes da descoberta do espermatozoide já se tentava entender como um feto poderia desenvolver órgãos genitais masculinos ou femininos. Para Aristóteles, um grande estudioso de diversas áreas, incluindo a embriologia, o calor era a matéria que permitia o desenvolvimento. As mulheres seriam "homens incompletos", pois o desenvolvimento delas no útero teria cessado precocemente devido à falta do calor necessário para formar a genitália masculina. Aristóteles difundiu a ideia de que o calor do homem durante a relação sexual determinaria o sexo do embrião: se a temperatura dele conseguisse se sobrepor à da mulher, um menino seria formado; mas se o frio da mulher fosse muito forte, ou o calor do homem muito fraco, o feto seria menina.

A ideia do calor como requisito para a determinação sexual prevaleceu por muitos séculos, e não estaria totalmente errada se estivéssemos falando de tartarugas, por exemplo, cuja temperatura de incubação dos ovos influencia na produção de hormônios sexuais e na consequente formação de machos ou fêmeas. Porém, em mamíferos, incluindo os humanos, a determinação sexual se dá de modo completamente diferente.

O feto 71

Nos mamíferos placentários, a presença do cromossomo Y indica o sexo de nascimento, o que é estabelecido ainda na fecundação. As fêmeas têm os cromossomos sexuais XX e, portanto, seus óvulos terão somente X. Os machos têm os cromossomos X e Y, e seus espermatozoides podem carregar um X ou um Y. Assim, a determinação do sexo é feita pelo pai: caso o espermatozoide doado contenha um Y, a via de formação da genitália masculina será ativada.

O cromossomo Y guarda um gene chamado SRY, que ativa o desenvolvimento dos testículos por volta da sexta semana após a concepção. Hoje sabemos que, além do SRY, vários outros genes são expressos em uma complexa rede, o que leva à ativação da via dos testículos e à simultânea repressão da via de desenvolvimento dos ovários, ou vice-versa. Até a sexta semana, os genitais dos fetos estão indiferenciados; a partir da ativação dos genes, eles progressivamente vão adquirir as características de um ou de outro sexo.

Vivemos em um mundo em que os papéis de gênero são firmemente estabelecidos, e até mesmo para comprar itens de enxoval, decoração ou os primeiros brinquedos do bebê a pergunta "É menino ou menina?" é constantemente feita. Se for menina, serão oferecidas opções em cores suaves, com detalhes delicados, bichinhos fofos, flores, unicórnios ou arco-íris; se for menino, as alternativas terão cores mais fortes, dinossauros, dragões, carros, foguetes e muita aventura. O sexo de nascimento determina em muito como a futura criança será socializada; seja por isso ou por pura curiosidade, muitas mães, pais, familiares e amigos ficam ansiosos para saber o sexo do bebê ainda nas primeiras semanas.

Se a onda de chás de revelação é um fenômeno contemporâneo, ideias para descobrir (ou, na melhor das hipóteses, especular) o sexo do futuro bebê vigoram desde a Idade Média. Naquela época, livros médicos europeus misturavam preceitos de uma medicina pouco desenvolvida com concepções religiosas e muitos mitos. A ideia do calor como determinante para a diferenciação sexual ainda vigorava, e acreditava-se que isso poderia explicar sinais específicos na gestante que indicariam o sexo do bebê.

Como os fetos homens seriam mais quentes, isso aqueceria o útero materno e outras regiões do corpo da gestante, alterando até mesmo sua face. A mulher que esperava um menino teria alterações faciais positivas, tornando-se mais elegante, corada e com aparência saudável. A aparência descorada daquelas que esperavam meninas poderia até mesmo ser passível de tratamento, sendo alterada "com uma boa alimentação".

Outra ideia vigente nessa época era de que fetos masculinos seriam formados do lado direito do útero, e os femininos, do lado esquerdo, o que geraria sinais nas mães. Uma dor após a concepção no lado direito significava um filho homem, assim como um crescimento aumentado no seio desse lado. A suposta localização no útero influenciaria também no aspecto da barriga: se endurecida, corada e arredondada, a gestação era de um menino; se mais pontuda, frouxa e pálida, tratava-se de uma menina. Alguns desses mitos perduram até hoje, como suposições de que o formato da barriga indica o sexo do bebê, mas sem qualquer fundamento.

A maneira mais simples de conhecer o sexo do bebê durante a gravidez é numa ultrassonografia de rotina, preferencialmente após a 13ª semana de gestação. A probabilidade de visualização e de acerto aumenta nas semanas seguintes, mas continua dependendo de alguns fatores, como a qualidade do

O feto

aparelho de ultrassom usado, a experiência do examinador e a posição do feto e da placenta. Para quem quer agilizar o processo, é possível fazer o exame de sexagem fetal, que, a partir de uma coleta de sangue materno, procura indícios da presença do cromossomo Y.

Há algumas décadas foi demonstrada a presença de fragmentos do DNA fetal na circulação sanguínea da mãe, vindos através da placenta após o primeiro mês de gestação. Essa descoberta abriu a possibilidade para o desenvolvimento de testes genéticos do feto de forma não invasiva, apenas com a coleta de sangue materno. Para a determinação do sexo fetal, busca-se amplificar regiões do cromossomo Y que possam estar na circulação da mãe.

Se o feto for feminino, nenhum cromossomo Y será detectado. No caso de gestação gemelar, a ausência do cromossomo Y indica que todos os fetos são meninas, e a presença dele significa que ao menos um é menino. Como a base para esse teste é a presença de fragmentos do cromossomo Y, pode haver alguns interferentes, como o fato de a mãe ter passado previamente por um transplante de órgãos ou transfusão sanguínea de doadores masculinos — nesses casos o exame não é indicado. Quando esses fatores são considerados e o exame é realizado após a oitava semana de idade gestacional, a taxa de acerto para o sexo do feto é de cerca de 99%.

Vivendo em um ambiente aquático

Os embriologistas do século XVIII ficaram intrigados com a formação do líquido amniótico e sugeriram que ele seria ori-

74 *A ciência da gestação*

ginado pelo suor do feto ou secretado pelos olhos e pela boca durante o choro e a salivação. Hoje sabemos que esse líquido é gerado principalmente pela urina fetal e, em menor proporção, pelas secreções pulmonares e gastrointestinais, além de excreções do cordão umbilical e da superfície da placenta. Já na nona semana de desenvolvimento o feto começa a produzir urina, que é lançada na bolsa amniótica e parcialmente deglutida. Ou seja, ele não só faz xixi no útero como também bebe esse líquido!

A análise da quantidade de fluido na bolsa é um marcador importante da saúde fetal, e é por isso que durante alguns exames de ultrassom se calcula o índice de líquido amniótico (ILA). Um grande aumento ou diminuição no ILA pode, em alguns casos, sugerir alterações na circulação da placenta, malformações fetais ou diabetes gestacional, entre outras condições. Um ILA aumentado, por exemplo, pode indicar que o feto não está conseguindo deglutir ou absorver o líquido devido a algum problema gastrointestinal, muscular ou neurológico, mas muitas vezes os médicos não encontram uma causa específica. Para calcular esse índice são realizadas algumas medições entre o feto e a parede do útero.

O líquido amniótico é composto majoritariamente de água. O restante — cerca de 2% — advém de proteínas, lipídios, carboidratos, vitaminas, anticorpos, hormônios e eletrólitos, componentes que são importantes para o feto. Além das funções próprias dessas substâncias, estar em um ambiente cercado por líquido confere proteção contra traumas físicos e compressões, prevenindo, por exemplo, lesões que possam vir do meio externo e a pressão no cordão umbilical. Esse espaço recheado de fluidos também permite que o feto consiga

O feto 75

crescer e se desenvolver, fazendo a movimentação necessária para exercitar seus sistemas ósseo e muscular.

Os cheiros do período fetal

Alguns cheiros de alimentos ou perfumes com os quais nos deparamos na idade adulta podem evocar lembranças da infância, formando uma espécie de memória olfativa. Provavelmente algo semelhante ocorre em relação aos aromas e sabores do período fetal, sentidos através de mudanças no líquido amniótico induzidas pela alimentação materna. Estudos recentes indicam que o consumo rotineiro de determinadas comidas e bebidas durante o período gestacional pode facilitar a aceitação destas pelo bebê.

Os sabores dos alimentos são gerados pela combinação de texturas, substâncias voláteis e gostos básicos (salgado, doce, azedo, umami e amargo). Esses gostos são detectados pelas papilas gustativas presentes na língua, e os odores formados pelas substâncias voláteis atingem os receptores olfativos localizados na cavidade nasal. Por volta da 15ª semana de desenvolvimento, as papilas gustativas da língua já estão desenvolvidas e são capazes de detectar alguns sabores. Já os neurônios dos receptores olfativos podem detectar odores a partir da 24ª semana de desenvolvimento do feto.

Na tentativa de entender a relação entre os alimentos que a mãe consome, a mudança induzida no sabor e no odor do líquido amniótico e a influência destes no desenvolvimento do paladar infantil, diferentes estratégias são utilizadas pelos pesquisadores. Por exemplo, em uma pesquisa para avaliar possíveis alterações no odor do líquido amniótico, dez gestantes dos Estados Unidos que passariam por procedimentos de amniocentese (retirada de uma amostra do líquido para análises diagnósticas) consumiram uma cápsula de alho ou de placebo momentos antes do exame. Um painel de cientistas atuando como *"somelliers* de líquido amniótico" percebeu alteração de odor na maioria das amostras das mulheres que consumiram alho.[1] Além disso, outras pesquisas sugerem que bebês cujas mães consumiam rotineiramente certos alimentos, como cenoura, anis ou o próprio alho, tiveram reações mais positivas quando foram apresentados a eles. Até mesmo recém-nascidos acostumados a esses sabores no útero demonstraram preferência pelos odores familiares, além de terem mais chances de aceitar esses alimentos após alguns meses ou anos.

O mesmo foi observado para o consumo de álcool: estudos mostraram que a administração dessa droga para ratas grávidas favoreceu seu consumo pelos filhotes. Para entender essa questão em humanos, pesquisadores da Argentina analisaram a aceitação ao cheiro do álcool em recém-nascidos de gestantes que relataram beber álcool moderadamente e nos de outras que não o consumiam.

Bebês com dez dias de idade cujas mães consumiram álcool na gestação mostraram mais expressões faciais consideradas "apetitivas", como sucção da boca e protusão da língua, e menos "aversivas", como franzir a testa e fechar os olhos.[2] Também foi encontrada uma correlação positiva entre as variáveis: quanto maior o consumo de álcool pela mãe, maior também foi a frequência de expressões faciais "apetitivas" nos bebês, sugerindo um grande impacto da dieta materna nos futuros hábitos alimentares e no estilo de vida dos filhos.

O feto 77

Os estudos em humanos mostrando associação entre dieta materna e preferências na aceitação dos alimentos pelos bebês se somam a outras pesquisas com resultados semelhantes em ratos, cães e porcos. Mesmo assim não há garantias de que uma mãe que consumiu rúcula durante toda a gestação vai gerar um grande apreciador dessa verdura, por exemplo. A importância de uma dieta balanceada na gestação é inegável, mas esse não é o único fator a influenciar a preferência de bebês e crianças por determinados alimentos. Entender quais são esses fatores, o tamanho da ação que exercem e como auxiliar os pequenos a adquirirem hábitos alimentares mais saudáveis são questões que continuam movendo grupos de pesquisa mundo afora.

Rostinho de bebê

O desenvolvimento da face foi iniciado no período embrionário, na quarta semana após a concepção. Até o final da oitava semana, o embrião assume um formato reconhecidamente humano, mas com o nariz bastante curto e achatado, mandíbulas pequenas, orelhas mais baixas e olhos dispostos mais lateralmente. No período fetal o rosto vai mudando: as estruturas aos poucos se posicionam onde estarão no nascimento do bebê e ganham as proporções corretas, assumindo sua aparência final. Conforme o cérebro aumenta e o crânio se expande para os lados, as órbitas oculares se posicionam mais à frente e as bochechas vão aparecendo.

Fetos no segundo trimestre já conseguem bocejar e chupar o dedo. Um pouco mais adiante, no terceiro trimestre, cílios e sobrancelhas serão formados e haverá maior deposição de gordura na face fetal, o que facilitará a observação dos movimentos faciais. Com a melhora na resolução dos exames de imagem, incluindo a ultrassonografia 4D, hoje é possível monitorar quando as expressões faciais começam a se desenvolver. E é ao longo do terceiro trimestre que expressões semelhantes ao choro ou à risada, que envolvem diversos movimentos musculares, são mais facilmente detectadas.

Apesar de os humanos normalmente nascerem sem dentes aparentes (que começarão a apontar por volta dos seis meses), tanto os dentes de leite quanto os permanentes são formados durante a gestação. Ao fim do período embrionário, algumas células se aglomeram, iniciando a formação do que virão a ser os dentes. Entre quatro e seis meses de gestação, inicia-se a formação da dentina e do esmalte, que só finaliza após o nascimento. Enquanto os dentes de leite se formam, o maxilar também está se formando. No primeiro trimestre do período fetal, a relação de tamanho entre a mandíbula e o maxilar já está mais proporcional, semelhante ao bebê recém-nascido.

Formando a identidade

Os dedos que seguram este livro têm algo que os diferencia dos dedos dos outros 8 bilhões de pessoas no mundo: as impressões digitais. Elas são constituídas por cristas e vales que formam padrões na pele, desenvolvidos durante o período fetal, e permanecem por toda a vida. Existem genes que influenciam o desenvolvimento das impressões digitais (os mesmos que comandam a formação dos membros), mas há

O feto

tempos se sabe que a genética não é o único fator envolvido, até porque mesmo gêmeos idênticos têm digitais diferentes.

Entender o que determina a formação dessas estruturas complexas não foi fácil. Em 2023, um grupo de pesquisadores mostrou que as formas básicas das digitais (arcos, espirais e alças) são produzidas a partir de três regiões nas pontas dos dedos, e, conforme essas cristas da pele se espalham e colidem umas com as outras, os padrões vão aparecendo. Duas proteínas controlam o início dessa missão: uma estimula a formação das cristas e outra inibe essas estruturas. A identidade de cada digital é determinada pela produção dessas proteínas (comandada por informações genéticas), pela localização exata em que elas estarão nos dedos para iniciar a formação das cristas e pelas formas que surgirão com as colisões.

As células que formam as cristas seguiriam o mesmo caminho de desenvolvimento de um folículo piloso. Porém, ao contrário do que acontece com os folículos, elas não conseguem incorporar células mais profundas, que ficam abaixo da superfície da pele. Assim, por volta da 13ª semana após a concepção, formam-se as cristas epiteliais primárias. Na 15ª semana, as formas básicas de arcos, espirais e alças já estão prontas, e na semana seguinte, minúsculas glândulas sudoríparas emergem das partes mais profundas das cristas.

Além das impressões digitais, as unhas, cujo desenvolvimento teve início no período embrionário, também estarão completas no período fetal. Assim como ocorre com braços, pernas e dedos, as unhas se formam primeiramente nos membros superiores, e em seguida nos inferiores. Cerca de quatro semanas separam o aparecimento das estruturas que compõem as unhas nos dedos das mãos e dos pés. Por volta da 32ª semana após a concepção, as unhas dos pés já estarão formadas e terão alcançado a parte final dos dedos.

Embalando para viagem

A pele do bebê começa a se desenvolver ainda no período embrionário. As camadas de células vão se formando e recebendo um revestimento de queratina, passando por ciclos de descamação e formação de novo revestimento. No trimestre final da gestação, a camada mais superficial da pele começa a se modificar, ao mesmo tempo que as glândulas sebáceas são originadas. A secreção produzida por essas glândulas, misturada às células descamadas, forma o vérnix caseoso, uma espécie de creme esbranquiçado que reveste o feto e tem múltiplas funções.

Cerca de 80% do vérnix é formado por água e o restante, por lipídios e proteínas. Apesar do alto teor de água, predominam na superfície as moléculas de gordura, servindo como uma espécie de capa hidrofóbica, que confere proteção à pele do feto, constantemente exposta ao líquido amniótico. Assim, o vérnix atua como um poderoso hidratante fetal, deixando a pele saudável e hidratada, ao mesmo tempo que evita a descamação excessiva.

As funções dessa embalagem protetora não param por aí. A propriedade repelente de água na superfície da pele também ajuda a evitar a perda de calor pelo recém-nascido, além de conferir lubrificação para facilitar a passagem pelo canal vaginal durante o parto. Mais recentemente, novas funções do vérnix têm sido descobertas, como a presença

O feto 81

de 41 proteínas, muitas das quais têm propriedades antimicrobianas. Proteger a pele do recém-nascido de infecções oportunistas é uma das razões pelas quais se recomenda postergar o primeiro banho após o nascimento por horas ou até um dia, prolongando os efeitos benéficos do vérnix.

Por estar em contato direto com o líquido amniótico, muitos componentes do vérnix acabam se soltando e são também deglutidos pelo feto. Alguns especialistas sugerem que ele poderia ser considerado o primeiro alimento sólido dos humanos. O vérnix é rico em ácidos graxos de cadeia ramificada, nutrientes essenciais para as bactérias que degradam certos carboidratos no intestino.

Tem sido estudado recentemente quanto a deglutição do vérnix impacta no desenvolvimento fetal, e os resultados surpreendem. Como exemplo, algumas proteínas derivadas do vérnix e ingeridas pelo feto podem auxiliar a proliferação das células do intestino, ajudando a amadurecer esse órgão. Uma interação ainda mais inusitada é com o surfactante pulmonar, um líquido produzido pelos pulmões do feto no terceiro trimestre e que ajuda a manter os alvéolos pulmonares abertos, preparando o bebê para a respiração autônoma após o nascimento.

Experimentos em animais não humanos mostraram que o surfactante liberado no líquido amniótico pode ajudar a descolar pequenas partes do vérnix próximo ao fim da gestação. Complexos formados por proteínas do surfactante e do vérnix são absorvidos por células intestinais, e, quando esses complexos foram administrados para coelhas prenhas (que não produzem vérnix), o intestino dos filhotes foi protegido de estímulos nocivos.

Compreender os minuciosos detalhes e as funções de cada componente do vérnix caseoso poderá ajudar a melhorar os cuidados com os recém-nascidos, principalmente os prematuros. Alguns estudos têm focado nas propriedades curativas dessa camada protetora em diversas situações. Como exemplo, uma pesquisa realizada na Turquia com 64 mães que tinham passado por cesárea observou que as que aplicaram vérnix nos mamilos nos primeiros dias da amamentação apresentaram menos dores e rachaduras em relação às que passaram o próprio leite materno.[3]

Nesse caso, uma porção do vérnix foi retirada dos bebês após o parto e armazenada em um frasco fechado em refrigerador, para ser utilizada nos dias seguintes. Simular artificialmente a delicada composição de proteínas e lipídios do vérnix poderá permitir a criação de cremes tópicos para o reparo de feridas na pele, até mesmo de adultos. Embora essa área de pesquisa ainda esteja iniciando, fica evidente como são grandes as propriedades biológicas do vérnix e seu potencial como agente na prevenção e no tratamento de diversas condições.

Além de aumentar a compreensão e as possibilidades terapêuticas do vérnix, o estudo com esse super-revestimento pode ajudar nas pistas sobre a origem da nossa própria espécie, já que por muito tempo o vérnix foi considerado exclusivo dos humanos. Um evento de proliferação de algas que liberam substâncias tóxicas, causando a morte de leões-marinhos-da-califórnia em 2013, pode ter iniciado uma mudança nessa visão de exclusividade. Como resultado da contaminação, seis fêmeas que estavam gestantes foram encontradas encalhadas pelos pesquisadores. Uma necropsia revelou que os fetos com idade próxima ao nascimento apresentavam uma

O feto 83

película branca irregular semelhante à aparência do vérnix caseoso em recém-nascidos humanos.[4]

A análise dessa película mostrou uma composição muito semelhante ao vérnix humano, sugerindo que alguns dos seus componentes, como os ácidos graxos de cadeia ramificada, também são deglutidos e ajudam na maturação do intestino dos filhotes desses animais. A descoberta da presença do vérnix em outra espécie, e principalmente o fato de ter sido em um mamífero marinho, ajuda a reforçar a hipótese de que houve um período de habituação aquática na evolução dos humanos. Assim como essa, outras pesquisas que estudam o desenvolvimento gestacional de mamíferos são importantes não apenas para revelar os mecanismos de funcionamento dos animais não humanos, mas também para colaborar na compreensão das origens e particularidades de nossa espécie.

Ouvidos bem atentos

As estruturas responsáveis pela audição começam a se formar ainda no período embrionário, mas é durante o período fetal que o ser humano vai adquirir a capacidade de ouvir sons. Para entender a responsividade fetal a diversos estímulos sonoros, pesquisadores colocaram sons de frequências padronizadas sobre a barriga da mãe enquanto observavam o feto por ultrassom. A frequência se refere à quantidade de oscilações por segundo de cada som: quanto maior a frequência, mais agudo é o som. O ouvido humano consegue ouvir sons entre vinte hertz (mais grave) e 20 mil hertz (mais agudo). Por volta da 18ª semana após a fecundação, o feto reage a estímulos de quinhentos hertz. Nas semanas seguintes, a capacidade de ouvir sons em frequências mais baixas vai se ampliando; na 25ª semana, quase todos os fetos também respondem a 250 hertz. Já a audição de sons em frequências mais altas, como mil e 3 mil hertz, só é alcançada a partir da trigésima semana.

Por estar dentro do útero materno e cercado por água, o som do meio externo que chega ao feto está um pouco abafado e com a intensidade, medida em decibéis, mais baixa. Estima-se que o som externo chegue ao feto cerca de vinte a trinta decibéis mais baixo (como parâmetro de comparação, uma conversa em ambiente silencioso tem cerca de cinquenta decibéis). Já os sons produzidos no corpo da mãe podem ser ouvidos com mais facilidade. Os barulhos do estômago, da respiração, do fluxo sanguíneo e a voz materna estão presentes o tempo todo no útero. Reconhecer a voz materna é uma habilidade que os bebês desenvolvem no terceiro trimestre intrauterino e que vai ajudá-los na adaptação ao mundo logo após o parto.

Mesmo com alguns estudos contraditórios (devido também às diferenças nas metodologias adotadas), há evidências suficientes para demonstrar que a experiência sonora vivida pelo feto pode gerar uma resposta comportamental no recém-nascido que ouve sons familiares daquele período. A partir disso, muitas inferências pouco objetivas são feitas e há anos são veiculados ideias e protocolos de estimulação de fetos com sons colocados na barriga da mãe, variando de músicas a aplicativos que supostamente facilitariam o aprendizado de um segundo idioma. Contudo, além de esses apelos não terem suporte em evidências científicas, algumas dessas práticas podem oferecer riscos à audição do bebê. Sons intensos e prolon-

O feto

gados podem causar danos no sistema auditivo e até mesmo na delicada vasculatura cerebral em desenvolvimento, tanto nos fetos quanto nos bebês prematuros.

Existem diversas associações médicas e comitês científicos que estabelecem recomendações para manter um desenvolvimento saudável da audição fetal. De forma geral, alguns dos itens a que os pais devem atentar durante a gestação são: evitar exposição prolongada a sons com frequência muito baixa (menor que 250 hertz) ou intensidade elevada (acima de 65 decibéis); não colocar fones ou alto-falantes sobre a barriga; e não utilizar programas de incentivo à audição ou à cognição infantil baseados na estimulação sonora durante a gestação. Algumas recomendações também são feitas em relação ao funcionamento das unidades de terapia intensiva neonatais, já que os constantes e intensos barulhos dos equipamentos médicos e das equipes de saúde podem interferir no desenvolvimento da audição dos recém-nascidos.

Bactérias protetoras

Nas aulas de biologia da escola aprendemos que nosso corpo é formado por trilhões de células, mas atualmente sabemos que essas células não são somente as humanas: além de todas as pequenas unidades que formam cada um de nossos tecidos e órgãos, temos um número ainda maior de unidades de micro-organismos. Estima-se que o corpo de um adulto contenha cerca de 30 trilhões de células humanas e 38 trilhões de bactérias, divididas em centenas de espécies. Essas bactérias têm um papel importante em muitas funções do corpo, atuando na imunidade, na proteção contra micro-organismos que causam doenças e até na produção de vitaminas. A colonização de órgãos e regiões anatômicas forma uma "identidade bacteriana", a qual chamamos de microbiota, que pode ser alterada a depender do estilo de vida e de situações específicas, como determinadas doenças e fases da vida.

A ideia secular de que os bebês normalmente nasciam livres de quaisquer vírus ou bactérias foi colocada em debate nos últimos anos, a partir de evidências sugerindo a colonização bacteriana ainda dentro do útero. Em uma das pesquisas mais importantes, feita em 2014 no Texas,[5] a análise de 320 amostras de placentas revelou uma pequena população de bactérias não patogênicas (que não causam doenças) que pareciam ser próprias desse órgão, uma microbiota placentária. Em 2019, um grupo de pesquisadores do Reino Unido tentou entender se diferentes espécies de bactérias da placenta poderiam implicar diferentes desfechos da gestação, como pré-eclâmpsia e parto prematuro, mas acabou encontrando uma resposta inesperada: não havia indícios de população bacteriana em quase todas as mais de quinhentas placentas analisadas![6] Os autores atribuem os achados de outros grupos à contaminação que pode ocorrer durante as análises, já que os resultados anteriores mostravam uma quantidade muito pequena de bactérias, o que poderia ser resultado da alta sensibilidade das técnicas atuais de detecção do DNA bacteriano.

Novos estudos publicados a partir de 2020 encontraram populações bacterianas nos fetos, mas foram contrariados por outros que não as encontraram. Resultados contraditórios não são incomuns em pesquisas científicas, devido à diversidade de metodologias, análises e amostras, e é por isso que

O feto 87

muitos trabalhos são necessários para construir um consenso. No caso de análises muito sensíveis, como a detecção de pequenas populações bacterianas que possam ser residentes no feto, na placenta e no líquido amniótico, as conclusões divergentes até o momento alimentam o debate sobre a possível existência de uma microbiota fetal e todas as implicações que ela poderia trazer para o desenvolvimento antes e após o nascimento.

Se a esterilidade dos fetos segue controversa, a contribuição das bactérias maternas para o fortalecimento do sistema imune infantil já é mais estabelecida. Durante a gestação, a microbiota do corpo feminino sofre mudanças, principalmente em relação à quantidade e variedade de bactérias intestinais, vaginais e orais no segundo e terceiro trimestres.

O metabolismo desses micro-organismos produz substâncias que conseguem atravessar a placenta e chegar ao feto, auxiliando no desenvolvimento da imunidade. O mecônio (as primeiras fezes do bebê) é rico nesses metabólitos, o que reflete a exposição fetal aos produtos das bactérias maternas. Muitos estudos recentes tentam compreender se alterações na microbiota da mãe podem causar desfechos negativos na gestação e quais seriam os requisitos para manter uma população bacteriana ideal.

O que sabemos até o momento é que a alimentação, o estilo de vida e o uso de medicamentos como antibióticos durante a gestação, além de determinadas condições de saúde maternas, podem interferir na interação entre a microbiota da mãe e o sistema imunológico fetal. Até mesmo a via de parto pode exercer influência na colonização do bebê a partir do nascimento: no parto vaginal, as bactérias que comumente habitam a vagina e o trato gastrointestinal entram em contato com o bebê, o que facilita o estabelecimento da própria microbiota infantil.

Recém-nascidos por cesárea não têm algumas cepas bacterianas que são encontradas no intestino de pessoas saudáveis; por outro lado, podem ter bactérias comumente encontradas em hospitais. O microbioma intestinal dos bebês nascidos por cesárea e o daqueles vindos ao mundo por via vaginal tendem a se equiparar após alguns meses de vida, com algumas diferenças pontuais. Quanto essas diferenças são representativas e quanto poderiam significar uma maior propensão a certas doenças no caso de bebês nascidos por cesárea ainda é tema de estudos.

Outro fator de grande importância para a colonização saudável dos bebês é a amamentação. O leite materno é fonte de micro-organismos benéficos da mãe e fornece compostos que auxiliam no desenvolvimento do sistema imune infantil. Amamentar é uma das práticas recomendadas para auxiliar o estabelecimento de uma microbiota apropriada, além de outras condutas que deveriam ser medidas de saúde pública, como diminuir o número de cesáreas desnecessárias e reduzir o uso irracional de antibióticos.

A hora se aproxima

O terceiro trimestre da gravidez é marcado por um alto ganho de peso fetal e pelo desenvolvimento dos sistemas corporais para tornar o bebê apto à sobrevivência fora do útero. Os olhos já podem abrir e as pálpebras, cílios e sobrancelhas

O feto 89

estão formados. A gordura começa a se depositar abaixo da pele, e os bebês vão ficando mais fofinhos e corados. Por volta da 34ª semana os testículos da maioria dos fetos meninos já desceram da cavidade abdominal para a região escrotal.

O cérebro tem um rápido desenvolvimento e começa a ter a aparência enrugada, com giros e sulcos, típica do cérebro adulto. Além disso, ocorre o refinamento das funções cerebrais para manter o controle da respiração independente após o parto. Conexões entre regiões específicas do cérebro são estabelecidas, o que ocasiona a morte de neurônios. Esse é um fenômeno fisiológico, que ocorre de forma controlada e é essencial no correto desenvolvimento do cérebro: para fabricar a vida, também é preciso deixar algumas células morrerem. Um recém-nascido tem cerca de 100 bilhões de neurônios cerebrais, um número que ainda será reduzido pelo processo de morte celular conhecido como poda neuronal. A poda ocorre após o nascimento, de forma similar ao que acontece no período fetal, e é uma oportunidade de reorganizar conexões conforme o bebê vivencia experiências e fixa o aprendizado.

Fetos nascidos até 35 semanas de desenvolvimento (ou seja, 37 semanas de gestação) são considerados prematuros. Depois disso o feto é considerado a termo precoce, e a termo completo a partir de 39 semanas de idade gestacional. Nesse momento, ele já tem boa capacidade pulmonar e de deglutição. Alguns sistemas corporais, como o cardiovascular, o respiratório e o urinário, terminam sua diferenciação após o nascimento; já o desenvolvimento e a maturação de algumas regiões cerebrais se estendem até o início da vida adulta.

4. A placenta

Durante o desenvolvimento gestacional surge um novo órgão que faz a interface entre a mãe e o bebê: a placenta. Ela tem múltiplas funções, como a proteção imunológica do feto, o envio de oxigênio e nutrientes, a remoção de resíduos do metabolismo fetal e a produção de hormônios que garantem a continuidade da gestação. A placenta é um órgão temporário, com uma parte fetal e outra materna, e sua formação se inicia ainda no período embrionário, mas é concluída somente no estágio fetal. No momento do parto ela se parece com um disco esponjoso com cerca de vinte centímetros de diâmetro e três centímetros de espessura.

Devido à natureza fascinante da placenta — um órgão extremamente necessário para a geração da vida humana, mas que é dispensado logo após o nascimento —, sua importância e seus mistérios são reconhecidos há milênios por diversas culturas. Antropólogos analisaram recentemente as tradições de 179 sociedades e povos, e encontraram mais de uma centena de métodos de descarte e crenças relacionadas ao significado desse órgão. O renascimento da importância da placenta tem levado ao retorno de rituais pós-parto que celebram a força e a grandeza da gestação, e a um grande número de pesquisas que procuram entender a complexidade das relações biológicas entre mães e fetos.

A evolução da placenta

Entre as questões ligadas à gravidez que intrigam a ciência há séculos, muitas estão direcionadas a tentar entender os detalhes do desenvolvimento da placenta, as trocas de substâncias e até mesmo por que nós, humanos, desenvolvemos esse órgão, ao contrário de outros mamíferos, como cangurus e ornitorrincos. A placenta surgiu há cerca de 150 milhões de anos — antes disso só existiam animais ovíparos. Por alguma razão evolutiva, os ovos da maioria dos mamíferos perderam a casca e o desenvolvimento passou a ser dentro do útero, viabilizado por uma estrutura que permite trocas entre a mãe e a prole. Pesquisar essas razões passa primeiro pelo desafio de compreender a enorme diversidade de placentas nas diferentes espécies, o que dificulta a adoção de um único modelo de estudo.

A placenta é o órgão com maior diversidade estrutural entre os mamíferos, mas que, apesar das diferenças anatômicas, manteve uma série de funções gerais, como importar oxigênio e nutrientes da mãe, eliminar resíduos fetais, gerar proteção imunológica para o feto e liberar hormônios que permitem a continuidade da gestação. Conhecer o que levou ao desenvolvimento da placenta e a toda essa diversidade pode nos ajudar a entender melhor a própria gestação humana e a construir terapias para tratar patologias placentárias e perdas gestacionais. Surpreendentemente, um grande número de evidências recentes sugere que uma infecção viral em nossos antepassados colaborou para o desenvolvimento da placenta.

Ainda ao final da primeira semana de desenvolvimento, as células trofoblásticas que comandam a implantação do embrião acabam se fusionando e formando uma grande massa celular chamada de sinciciotrofoblasto. Esse tipo de fusão celular espontânea, imprescindível para o desenvolvimento da placenta, é comumente encontrado em tumores e em infecções virais. O sinciciotrofoblasto tem a missão de formar uma espécie de muro ao redor do embrião, protegendo-o do ataque do sistema imune materno, e isso só é possível graças a uma proteína chamada sincitina, que funciona como um "cimento" unindo os tijolos. Experimentos com células trofoblásticas de camundongos mostram que elas não conseguem se fundir e formar o sinciciotrofoblasto quando a proteína sincitina é retirada, o que impede a implantação.

O curioso é que um mapeamento genético mostrou que as sincitinas placentárias humanas na verdade vieram de um retrovírus. Esse tipo de vírus infecta as células e se integra ao DNA delas, fazendo com que o hospedeiro sempre produza novas cópias virais. Em raríssimos casos, os retrovírus podem infectar as células germinativas — espermatozoides ou óvulos —, e então seus genes são passados para as gerações futuras. Uma infecção há dezenas de milhões de anos permitiu que a proteína sincitina, utilizada pelo vírus para se fundir às células do hospedeiro, passasse a integrar o genoma de nossos ancestrais comuns. Esse presente indesejado caiu como uma luva para o embrião, que, assim como os vírus, precisa de um hospedeiro para se desenvolver e só consegue fazer isso se não for destruído pelo sistema imune local.

As cópias de DNA herdadas de retrovírus são chamadas de retrovírus endógenos e só são encontradas em mamíferos placentários. Essas infecções ancestrais podem ter ocorrido de forma repetida durante a evolução, já que existem sincitinas

A placenta

diferentes isoladas de grupos distintos de mamíferos. Outro gene encontrado na placenta e derivado de retrovírus endógeno é aquele que codifica a proteína supressina, semelhante às encontradas em envelopes virais. Uma recente colaboração entre pesquisadores dos Estados Unidos e da Europa mostrou que, em células humanas de placenta cultivadas em laboratório, a supressina conseguiu impedir a entrada de um tipo específico de vírus, pois tanto ela quanto esse vírus utilizam o mesmo "portão" de entrada.[1]

A hipótese é de que isso forneceria à placenta uma proteção antiviral: ao detectar a ameaça, as células ativariam a proteína supressina, que, por ter a mesma chave do vírus, bloquearia a fechadura que este utilizaria para entrar no organismo. Ainda estamos no campo da suposição, mas esse mecanismo pode ter sido essencial para prevenir o ataque de vírus agora extintos. A curiosa suspeita de que uma infecção viral em um ancestral possa atuar até hoje impedindo outras infecções virais nos embriões é mais uma das histórias fascinantes sobre a gestação que a ciência deve desvendar nos próximos anos.

Não se fazem mais placentas como antigamente

Um dos mais evidentes sinais da modernidade é a presença de plásticos em todo o mundo, principalmente pela cultura do uso de descartáveis iniciada nas últimas décadas. Quem nunca pediu uma bebida para viagem e recebeu um copo de plástico, com uma tampa plástica, um canudinho e uma sacola? A utilidade é de apenas poucos minutos, ao passo que esses materiais levarão centenas de anos para se decompor.

A onipresença do plástico, aliada a seu consumo excessivo e descarte acelerado, já está modificando até mesmo a geologia planetária, com a formação de rochas plásticas em ilhas remotas.[2]

Apesar da alta durabilidade, a degradação do plástico é extremamente lenta, e durante esse processo ocorre sua fragmentação em partículas menores, classificadas como microplásticos (quando têm menos de cinco milímetros) e nanoplásticos (quando são menores que um micrômetro). Essas partículas já são onipresentes em nosso planeta, sendo encontradas em lagos inóspitos, nos mares, na água engarrafada, na atmosfera e até na poeira doméstica. Diversos estudos demonstraram que os micro e nanoplásticos podem ser aspirados ou ingeridos por animais não humanos, penetrando nas células e se acumulando nos tecidos biológicos. Em concordância com isso, essas partículas têm sido detectadas em praticamente todos os organismos aquáticos analisados, em mamíferos e, mais recentemente, no sangue, nas fezes, em corações e em pulmões humanos.

Em 2021, um estudo de seis placentas humanas obtidas logo após o parto demonstrou a presença de microplásticos em quatro delas, vindos provavelmente de embalagens, cosméticos, produtos de higiene pessoal e tintas.[3] Estudos subsequentes, em 2022 e 2023, analisaram dezenas de placentas e detectaram micro e nanoplásticos em todas elas, em concentrações que vão de duas a dezoito partículas por grama de placenta. Os tipos de plástico encontrados são variados: embalagens descartáveis, isopor, plásticos duros como o PVC e até fibras de poliéster, presentes em grande parte dos tecidos atuais. Esses novos achados geraram até o termo "plasti-

A placenta 95

centa", usado para descrever as placentas das gestações contemporâneas.[4]

Ainda estamos no início dessa era, e novos estudos deverão aprofundar as análises. Mesmo com os autores demonstrando utilizar controles e manipulações livres de plástico durante os experimentos, alguns pesquisadores discutem se as quantidades encontradas nas placentas são mesmo reais, já que a onipresença dessas partículas até mesmo no ar ambiente poderia contaminar as amostras.

Ainda que existam algumas dúvidas e limitações, provavelmente os resultados refletem cenários reais, até porque as partículas foram também encontradas no mecônio e no leite materno. Além disso, micro e nanoplásticos são também detectados em experimentos com animais não humanos e com modelos de fragmentos de placentas cultivados em laboratório, nos quais é possível observar a captação e o transporte dos microplásticos pelo tecido placentário.

Compreender o quanto a presença de microplásticos desde o desenvolvimento fetal impacta a nossa saúde é um dos grandes desafios atuais para os cientistas. Devido às limitações éticas para o estudo com embriões humanos, as pesquisas feitas em animais como camundongos, aves, ouriços-do-mar, peixes e rãs são utilizadas para nos ajudar a esclarecer esse cenário, e os resultados não são nada animadores.

Apesar de nem todos os estudos encontrarem aumento de malformações ou mortalidade dos embriões expostos a diversos tipos de micro e nanoplásticos, grande parte dessas pesquisas observa fenômenos como alterações no metabolismo, na atividade imune ou no funcionamento dos órgãos. Estudos feitos em mamíferos como camundongos e ratos mostraram alterações cerebrais e comportamentais nos filhotes cujas mães ingeriram grandes quantidades de microplásticos. Fêmeas e machos adultos também tiveram redução em parâmetros relacionados à fertilidade, como níveis hormonais e qualidade dos espermatozoides.

A problemática atual dos microplásticos é tão evidente e seus efeitos ainda são tão desconhecidos que esse se tornou um dos principais temas de pesquisa do centro de estudos no qual atuo, no Campus Litoral da UFRGS. Monitorar a concentração de microplásticos na água da região, entender como essas partículas se distribuem no ambiente e quais as maneiras mais efetivas de reduzir sua presença, além de analisar seus possíveis efeitos no desenvolvimento de plantas e animais não humanos estão entre as pesquisas realizadas.

Vivemos em uma época de crise climática e ambiental, e é cada vez mais evidente o quanto a saúde humana está ligada à saúde do ambiente e dos outros animais — uma abordagem conhecida como "saúde única". Problemas de saúde pública como a pandemia de covid-19 e as recentes ondas de calor provocadas pelo aumento global das temperaturas da Terra estão relacionadas à degradação ambiental provocada por humanos. Para promover o bem-estar da nova geração em um contexto de crescentes desafios globais, é imprescindível buscar soluções sustentáveis que preservem nossos ecossistemas.

Outro problema gerado pela poluição por micro e nanoplásticos é a capacidade de eles se conectarem a diversas substâncias tóxicas — como poluentes, pesticidas, resíduos de medicamentos e metais pesados — que também compõem o coquetel atual de substâncias nocivas presentes no meio am-

A placenta 97

biente. Nesse sentido, vários estudos mostram que as partículas plásticas podem aumentar a toxicidade dessas substâncias, nos trazendo mais um alerta sobre os riscos da poluição para o desenvolvimento fetal.

Transpor os resultados de todas essas pesquisas para os seres humanos é extremamente complexo, já que os experimentos em modelos animais não humanos são feitos com uma padronização da concentração das substâncias e do tempo de incubação, o que não ocorre com seres humanos, expostos a diferentes níveis no dia a dia. O cenário negativo que os estudos sugerem também não deve ser motivo para criar pânico na população, principalmente nas gestantes. Saber dos possíveis riscos de cada substância auxilia para que os indivíduos adotem a conduta que julgarem mais prudente e, sobretudo, para que legislações e políticas públicas sejam desenvolvidas visando assegurar a saúde humana. Porém, enquanto não temos políticas para reduzir a produção e comercialização de plásticos, e sabendo que estamos sujeitos à contaminação desde o período intrauterino, minimizar a exposição a esse material é uma escolha sensata. Além dos possíveis riscos das partículas e componentes plásticos para os fetos, toda a biodiversidade da Terra pode ser comprometida caso o consumo e o descarte continuem crescendo, o que também trará prejuízos à saúde humana.

Algumas ações individuais que podem reduzir a exposição aos plásticos são: sempre que possível, dar preferência a utensílios de vidro, porcelana ou inox; não esquentar ou colocar alimentos e bebidas quentes em embalagens plásticas; evitar usar embalagens rachadas ou quebradas; evitar o uso de plásticos descartáveis; e evitar o uso de glitter e de cosméticos contendo micropartículas plásticas. Essas partículas podem estar na lista de ingredientes sob nomes como: *polyethylene* (PE), *polymethyl methacrylate* (PMMA), *polypropylene* (PP), *nylon* (PA), *polyurethane* e *acrylate copolymer.*[5]

Placenta no cardápio

Uma influencer que acabou de ter bebê aparece bebendo um shake com frutas vermelhas e sua placenta, em um vídeo para milhões de seguidores, no qual divulga supostos benefícios da prática: redução do risco de depressão pós-parto, melhora na recuperação da mulher e aumento na produção de leite. O ato de ingerir a placenta após o parto, ou placentofagia, vem ganhando popularidade entre mulheres ocidentais de classe média nos últimos anos. As formas de ingestão são as mais variadas, desde o uso da placenta crua ou cozida, preparada em receitas compartilhadas na internet, até diversas metodologias de encapsulamento, um serviço que cresceu nas últimas duas décadas.

Os estudos conduzidos em animais não humanos demonstram vários benefícios fisiológicos e comportamentais da placentofagia, como garantir uma fonte de energia e ajudar a limpar o ambiente para que predadores não sejam atraídos. Além disso, em alguns animais, como ratos, foi observado que a placentofagia pode facilitar a criação dos laços entre a mãe e o filhote e reduzir a dor na mãe. O tecido placentário contém vários hormônios, como ocitocina, estrógenos e progesterona, mas as concentrações são muito reduzidas quando a placenta é desidratada para encapsula-

A placenta

mento ou cozida. Curiosamente, o aumento dos hormônios prolactina e progesterona ocasionado pela ingestão de placenta parece ser específico para cada espécie, já que a ingestão de placenta humana pelas ratas não causou nenhuma alteração hormonal. Por outro lado, o efeito analgésico parece não ser tão específico assim: a ingestão de placenta humana, bovina ou de golfinhos por ratas provocou a mesma redução na sensibilidade à dor. Alguns autores atribuem o efeito analgésico induzido pela ingestão de placenta não à placenta em si, mas ao líquido amniótico impregnado nela. Alguns achados científicos em ratas ajudam a reforçar a hipótese analgésica do líquido amniótico e a motivação de as mães lamberem a própria região genital antes do parto: como o líquido é liberado primeiro, elas poderiam obter esse efeito antes mesmo de a expulsão dos filhotes ter início.

Praticamente todos os mamíferos placentários têm o hábito de ingerir a placenta, com exceção dos marinhos (cuja placenta acaba diluída na água após a expulsão), e de camelos, lhamas e alpacas. Todos os primatas não humanos praticam placentofagia, que é inclusive um sinal de saúde da fêmea após o parto. Evolutivamente, ao que tudo indica, nós perdemos esse hábito há milhares de anos, já que, com exceção de algumas culturas específicas, são raros os registros históricos da prática. No reino animal, a placentofagia não é exclusiva das fêmeas: alguns roedores machos, como ratos e hamsters, também a praticam.

Sendo esse hábito tão difundido, e dado que muitos estudos demonstraram efeitos benéficos da prática na fisiologia e no comportamento de animais não humanos, parece ser razoável pensar que o mesmo possa acontecer em humanos.

Porém, as alterações hormonais que ocorrem no corpo da mulher após o parto não são necessariamente iguais às de outros animais. Nós também temos mecanismos totalmente diferentes para criar laços afetivos com as crias. O instinto materno de uma leoa que lambe o filhote recém-nascido, por exemplo, não se aplica aos humanos. Além disso, em termos de energia, a placenta não representa uma fonte significativa para nós, já que em média contém 230 calorias, algo facilmente alcançado com um simples lanche.

Se ingerir a placenta não é um comportamento determinado biologicamente em humanos, pode-se inferir que há uma boa razão adaptativa para que ele tenha sido eliminado. Ao longo do tempo os humanos começaram a ter ajuda para parir (ao menos para assistir o parto e, em alguns casos, para segurar o bebê ao nascer), e talvez essa ajuda tenha também tornado desnecessária a placentofagia. Uma possibilidade adicional é que a ingestão da placenta em algum momento tenha se tornado uma prática perigosa, devido à quantidade de toxinas acumuladas nesse órgão e à rápida degeneração do conteúdo placentário, que pode oferecer riscos de contaminação por micro-organismos.

De forma geral, no mundo atual são raros os relatos de possíveis riscos ou intoxicações em mães e recém-nascidos pela placentofagia humana. Um grande estudo incluindo mais de 15 mil mulheres estadunidenses no pós-parto não observou diferenças nos índices de hospitalizações e mortalidade dos bebês entre as mães que consumiram ou não a placenta. Porém, alguns registros na literatura relatam possíveis infecções advindas de placentas encapsuladas contaminadas. Em 2017 o Centers for Disease Control and Prevention (CDC), órgão dos

A placenta

Estados Unidos para o controle e prevenção de doenças, lançou um alerta para os riscos da ingestão de placenta em forma de cápsulas. A motivação foi um caso de infecção bacteriana grave em um bebê de duas semanas pela bactéria *Streptococcus agalactiae* do grupo B; esse tipo de infecção pode ser fatal, mas, após algumas semanas internado e utilizando os antibióticos adequados, o bebê se recuperou. Análise laboratoriais revelaram que a mesma bactéria estava presente na placenta encapsulada que a mãe consumia. Apesar de esse tipo de contaminação ser possível, pesquisas mais recentes mostraram que a presença de *Streptococcus agalactiae* do grupo B em placentas encapsuladas é muito rara, pois o processamento da amostra para o encapsulamento em geral elimina a bactéria.

Outro risco levantado é uma possível sobrecarga hormonal no bebê amamentado, embora também pareça rara. Um caso publicado sobre uma bebê de três meses que apresentou sangramento vaginal e brotamento das mamas, revertido após a mãe parar o consumo da placenta encapsulada, reforça essa possibilidade. Não existem estudos que avaliem de forma robusta a concentração dos hormônios nas cápsulas de placenta (até porque as variações individuais podem ser grandes), nem o impacto direto desses níveis hormonais na mãe, bem como na consequente disponibilidade dos hormônios para o recém-nascido.

Uma pequena pesquisa comparando doze mulheres que consumiram sua placenta desidratada e encapsulada e quinze que consumiram placebo, de forma cega (sem saber o que estavam ingerindo), não mostrou diferenças significativas nos níveis de prolactina das mães, nem no ganho de peso dos bebês. Contudo, existem a hipótese e alguns relatos individuais sugerindo que a ingestão de placenta possa reduzir o suprimento de leite materno. Isso ocorreria devido ao estrogênio e à progesterona presentes na placenta, que podem inibir a secreção de prolactina, com consequente redução da produção de leite. Mas, novamente, isso dependeria da quantidade de hormônios presente na placenta ingerida, algo difícil de determinar.

Em relação aos possíveis benefícios da placentofagia para as mães, grande parte dos estudos são pequenos e não mostram evidências positivas. Uma pesquisa controlada, em que um grupo de participantes ingeriu cápsulas de placenta e outro tomou placebo, não mostrou diferenças no humor das mães nem no risco de desenvolver depressão pós-parto. Da mesma forma, em geral não são encontradas diferenças significativas quanto à melhora da fadiga, na produção de leite e nos níveis de ferro e vitamina B12.

Mesmo que os estudos não apontem evidentes benefícios da ingestão de placenta após o parto, essa pode ser a opção de algumas mulheres, motivadas por razões culturais ou por um desejo pessoal. Como é estimado que os serviços de encapsulamento de placenta tenham quadruplicado nos últimos cinco anos em países ocidentais, alguns profissionais de saúde apontam para a necessidade de uma fiscalização desses serviços, assim como ocorre com qualquer produto farmacêutico. Em um mundo ideal, as mães que desejam optar pela placentofagia deveriam ter condições de tomar uma decisão bem informada, sendo apresentadas aos estudos atuais e aos possíveis riscos da prática.

A placenta 103

Juntos ou separados

Segundo Galeno, o mais famoso médico do período romano, cujas teorias foram dominantes na ciência e na medicina por mais de uma dezena de séculos, "os vasos uterinos maternos se abrem e se unem aos vasos fetais na placenta, estabelecendo uma conexão direta entre a mãe e o feto". Essa concepção estava de acordo com as ideias vigentes na época, que sustentavam a necessidade de calor para a manutenção da gestação: as artérias forneceriam os "espíritos vitais" ou o "sangue espiritual" para manter o calor inato dos tecidos fetais. A "doutrina da anastomose", como ficou conhecida a ideia de ligação direta entre os vasos maternos e fetais, vigorou até o final do século XIX e só foi substituída após diversos capítulos de disputa entre pesquisadores.

O anatomista italiano Julius Caesar Aranzi dedicou-se ao estudo dos fetos e contradisse as afirmações de Galeno, afirmando que as vasculaturas materna e fetal ficavam separadas. Aranzi chamou a placenta de "fígado do útero", por funcionar purificando o sangue para o feto, mas mesmo assim as controvérsias continuaram. Aranzi foi atacado por diversos anatomistas — como Girolamo Fabrizio, um dos pioneiros da embriologia — por questionar a doutrina galênica.

A confirmação de que os vasos sanguíneos da mãe não ficam em contato direto com os do feto veio somente muitos anos mais tarde, pelos irmãos John e William Hunter. O livro *A anatomia do útero gravídico*, lançado por William em 1774, traz ilustrações e descrições detalhadas sobre a morfologia e a circulação placentária. Essas descobertas só foram possíveis após experimentos realizados em uma gestante que havia falecido: a injeção de cera vermelha nas artérias uterinas e de cera azul nas veias resultou no endurecimento dos vasos sanguíneos na parte materna da placenta, mas nenhuma cera foi observada no sistema vascular do feto. Da mesma forma, a cera injetada nas duas artérias e na veia contidas no cordão umbilical não podia ser empurrada para dentro do útero. Assim, demonstrou-se a existência de espaços intermediários entre os vasos maternos e os vasos fetais, hoje chamados de espaços intervilosos. (Mas nem mesmo as evidências sobre a separação entre a circulação materna e a fetal na placenta estavam livres de desavenças: John Hunter alegou que ele realizou os experimentos com cera e que seria o responsável por desvendar o mecanismo de circulação placentária, o que separou os irmãos até próximo da morte de William, em 1783.)

A relação da placenta com a respiração fetal ainda demorou vários anos até ser esclarecida, e precisou da contribuição de muitas mentes. Uma delas foi Erasmus Darwin, avô do famoso naturalista Charles Darwin. Erasmus foi um médico prestigioso que também se dedicou a outras áreas do conhecimento, como mecânica e botânica, e tinha um interesse especial pela reprodução de animais não humanos, de humanos e até de plantas.

Suas descrições detalhadas e poéticas sobre como as plantas se reproduzem geraram obras extraordinárias, como o longo poema "The Loves of the Plants" (Os amores das plantas), do livro *The Botanic Garden* (O jardim botânico), de 1789, no qual as relações entre as plantas e seus órgãos reprodutores são personificadas e se assemelham às humanas. Erasmus afirmou que escolhera essa forma de publicação esperando tornar o tema da reprodução de plantas e sua comparação

A placenta

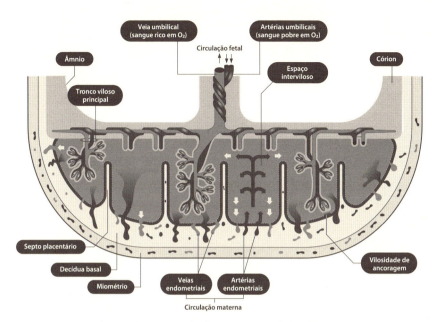

Circulação placentária do feto. A veia umbilical transporta sangue rico em oxigênio para o feto, e as artérias retornam o sangue pobre em oxigênio para a mãe (Cássio Bittencourt).

com a reprodução humana mais agradável para "senhoras e outros estudiosos desempregados".

O interesse de Erasmus em desvendar o funcionamento da placenta pode ter surgido ainda quando era um estudante de medicina, já que frequentou as aulas de anatomia de William Harver em 1753, um ano antes do experimento com injeção de cera que confirmou a separação da circulação maternofetal. Mas foi somente em 1794 que Erasmus publicou o primeiro volume do livro *Zoonomia, or The Laws of Organic Life* (Zoonomia, ou As leis da vida orgânica), contendo uma ampla descrição do funcionamento do corpo, incluindo a reprodução. Nessa época, o oxigênio já havia sido isolado por Joseph Priestley, em 1772, e Antoine Laurent Lavoisier já demonstrara as trocas de oxigênio e gás carbônico que ocorrem na respiração pulmonar, em 1778. Erasmus então percebeu que essas trocas gasosas também deveriam ocorrer na placenta, e escreveu no segundo volume de *Zoonomia*, de 1796:

> Parece que a base do ar atmosférico, chamada oxigênio, é recebida pelo sangue através das membranas dos pulmões; e que por essa adição a cor do sangue muda de vermelho escuro para vermelho claro [...]. A placenta consiste de artérias que transportam o sangue para suas extremidades, e uma veia trazendo-o de volta, assemelhando-se exatamente em estrutura aos pulmões e às guelras dos peixes [...] e esse sangue muda sua cor de escuro para vermelho claro ao passar por esses vasos.[6]

Se o papel fundamental da placenta na respiração estava desvendado, faltava uma importante peça no quebra-cabeça do desenvolvimento gestacional: de onde vem a nutrição do feto? Hoje sabemos que essa é mais uma função placentária, mas a compreensão de sua complexa fisiologia só foi obtida após o desenvolvimento de técnicas mais refinadas de imagem e microscopia. Alguns estudiosos da época, incluindo Erasmus Darwin, creditaram ao líquido amniótico essa atribuição. O fato de os bebês o terem no estômago ao nascer foi considerado uma evidência de suas supostas qualidades nutritivas, assim como comparações com o desenvolvimento de outros animais, incluindo galinhas: se a clara do ovo é consumida enquanto o embrião cresce, essa poderia ser sua fonte de nutrição, assim como o líquido amniótico, que também diminui

A placenta   107

nas últimas semanas de gravidez. Erasmus então escreveu em *Zoonomia*: "O feto no útero é nutrido pelo fluido que o rodeia".[7] Somente décadas depois as verdadeiras funções do líquido amniótico foram descobertas.

A placenta não é uma barreira

A comprovação de que a circulação materna e a fetal na placenta ocorrem separadamente gerou uma impressão, em alguns casos erroneamente difundida até os dias atuais, de que existe uma "barreira placentária". Uma barreira é definida em dicionários como "qualquer coisa que impeça a passagem de algo; um obstáculo". Nessa definição, a barreira placentária seria uma espécie de cápsula impenetrável, impedindo que substâncias nocivas no sangue da mãe atingissem o feto e lhe causassem algum mal. Contudo, nesse caso não há de fato uma "barreira", mas sim um espaço de trocas, em que camadas celulares semipermeáveis permitem a entrada e saída de algumas substâncias, a depender de suas características químicas.

A ideia de que os embriões e fetos estariam se desenvolvendo em uma fortaleza que impediria a exposição a componentes tóxicos foi dramaticamente alterada no período de 1958 a 1962, quando cerca de 10 mil bebês nasceram com graves malformações em membros, ouvidos, coração e cérebro após as mães utilizarem um medicamento para controlar os enjoos, a talidomida.

Em 1957, o laboratório farmacêutico Chemie Grünenthal lançou o medicamento na Alemanha, propagandeando seus benefícios como sonífero e causador de leve sedação. Os testes em camundongos realizados durante o desenvolvimento da droga se restringiam a analisar qual a quantidade necessária para induzir a morte do animal. Como essa quantidade era extremamente alta, logo foi noticiado o enorme perfil de segurança do remédio, que passou a ser vendido sem receita médica. Não demorou para que novas condições clínicas fossem tratadas com a talidomida, como falta de concentração, tensão pré-menstrual, depressão, ansiedade, alterações estomacais e enjoos. O medicamento foi distribuído para mais de quarenta países, tornando-se um dos mais vendidos no mundo e sendo amplamente consumido, inclusive por gestantes.

No ano seguinte ao lançamento da talidomida na Europa, mil lhares de bebês nasceram com malformações graves, como focomelia (grandes deformações e redução no tamanho dos membros superiores ou inferiores) e amelia (ausência dos membros). Em um encontro de pediatria na Alemanha em novembro de 1961, o médico Widukind Lenz relatou diversos casos de bebês com esses problemas, e um ponto em comum era o uso de talidomida pelas mães no início da gestação.

Em dezembro do mesmo ano, o obstetra australiano William McBride publicou uma carta na revista científica *The Lancet*, um dos periódicos médicos mais importantes do mundo, relatando um aumento de 20% na incidência de bebês com múltiplas e severas anormalidades em seus atendimentos. Em comum eles tinham o fato de que suas mães haviam consumido talidomida, e na conclusão da carta, McBride perguntava: "Algum dos leitores observou anormalidades semelhantes em bebês nascidos de mulheres que tomaram esse medicamento durante a gravidez?".[8]

A placenta

Somente após a associação escancarada entre o uso da medicação e as malformações fetais é que a Chemie Grünenthal retirou a talidomida do mercado nos diversos países em que ela era comercializada. Além dos milhares de bebês que nasceram com defeitos congênitos, incontáveis perdas gestacionais foram causadas e outros milhares de recém-nascidos faleceram ou foram abandonados, constituindo o maior desastre relacionado a medicamentos da história da humanidade.

A tragédia não atingiu os Estados Unidos graças à farmacologista Frances Oldham Kelsey, que em 1960 iniciava sua carreira no FDA, a agência reguladora ligada ao Departamento de Saúde estadunidense. Kelsey era uma das encarregadas de revisar os pedidos dos laboratórios farmacêuticos para a comercialização de medicamentos no país, e logo no primeiro mês de trabalho recebeu a missão de avaliar a aprovação da talidomida.

Mesmo com o alto apelo de segurança atrelado à droga e com seu uso já difundido em vários países, Kelsey não ficou convencida com as evidências apresentadas. Apesar da pressão do laboratório pela aprovação, alguns relatos de graves efeitos adversos apresentados por usuários em outros países foram determinantes para que ela negasse a licença de comercialização da talidomida nos Estados Unidos. Até mesmo os médicos que já haviam recebido amostras não puderam distribuí-las.

Meses depois, as evidências de Lenz e McBride associando a talidomida às malformações foram noticiadas, e em 1962 o presidente John F. Kennedy condecorou Kelsey com a mais alta homenagem concedida a um civil nos Estados Unidos, sendo ela a segunda mulher a recebê-la no país.[9]

No Brasil, a talidomida foi disponibilizada por diferentes laboratórios e comercializada com nomes como Sedalis, Sedim e Slip. Os primeiros casos de malformações foram registrados em 1960, mas nos dois anos seguintes ela seguia sendo vendida e propagandeada como "isenta de efeitos adversos", mesmo depois de já ter sido banida da Alemanha. Em novembro de 1962 a licença para os medicamentos contendo talidomida foi cancelada no país, fato que só foi formalizado em 1964. Segundo a Associação Brasileira dos Portadores da Síndrome da Talidomida (ABPST), o medicamento ainda podia ser encontrado por aqui em 1965, e mais de 1500 bebês nasceram com malformações.

O retorno da talidomida

O professor Jacob Sheskin não sabia que seria responsável pelo retorno da talidomida ao mercado quando a utilizou ao ver um paciente em sofrimento. Jacob era médico e tratava pacientes com hanseníase em Jerusalém quando, em uma noite de 1964, atendendo um homem desesperado por dores e que não conseguia dormir, utilizou a talidomida, devido às suas propriedades sedativas.

Para sua surpresa, nos dias seguintes o homem teve uma grande melhora nas lesões e no estado geral. Após outros casos semelhantes relatados, a OMS coordenou um estudo clínico para avaliar a eficácia da talidomida no tratamento de complicações da hanseníase.[10] A análise obteve resultado positivo, culminando com a liberação do medicamento para o tratamento de eritema nodoso hansênico em vários países, incluindo o Brasil.

A placenta

Se a talidomida sabidamente pode causar malformações fetais mas tem uma indicação clínica de grande eficácia, seu uso deve ser permitido e rigidamente controlado, para que mulheres não engravidem durante o tratamento. Porém, tragicamente, o Brasil é um dos poucos países do mundo que ainda registra nascimentos de bebês com focomelia e outras alterações devido ao uso de talidomida. Isso se deve a dois fatores principais: a persistência da hanseníase em nosso país, que tem cerca de 90% dos casos das Américas, e as falhas no controle do uso e dispensação do medicamento. Mesmo com distribuição restrita, ocorrem casos em que um paciente compartilha o medicamento com outro, ou que não compreende adequadamente os riscos de engravidar durante o tratamento.

Nem tudo, nem nada

Da visão galênica de união das circulações materna e fetal à lenda da barreira placentária, a ciência continua encontrando desafios para entender quais substâncias e agentes biológicos conseguem atravessar a placenta e alcançar o feto. Alguns pesquisadores atribuem à placenta o título de "órgão humano menos conhecido", mesmo sendo essencial para a geração da vida e exercendo enorme influência na saúde da mãe e do feto. Alterações no desenvolvimento placentário estão associadas a vários desfechos negativos, como pré-eclâmpsia, restrição do crescimento intrauterino, parto prematuro e perda gestacional. No passado, os estudos sobre a placenta se limitavam a observar o órgão após o parto, mas o entendimento do complexo ambiente placentário depende da sua análise durante toda a gestação. Técnicas modernas de exames de imagem, como ultrassom e ressonância magnética, permitem a observação detalhada e em tempo real do fluxo sanguíneo e da estrutura desse órgão. Modelos animais não humanos não são muito úteis nessas pesquisas, já que a estrutura placentária dos mamíferos é muito diversa, principalmente em relação ao grau de invasão das células trofoblásticas no útero e ao número de camadas celulares presentes na interface entre a circulação materna e fetal.

Nos últimos anos, o isolamento de células trofoblásticas humanas aliado à evolução nas técnicas de cultivo celular permitiu a criação de miniplacentas, ou organoides de placentas, como são conhecidos os modelos celulares que mimetizam a função desse órgão. As miniplacentas também secretam hormônios e proteínas essenciais, a ponto de o líquido de cultivo desses organoides testar positivo em exames de gravidez. Recentemente, células-tronco humanas têm sido usadas para formar miniplacentas com estruturas ainda mais complexas e vascularizadas. Modelos mimetizando o revestimento interno do útero também estão sendo produzidos, e com isso o estudo da interação entre os tecidos maternos e fetais se torna cada vez mais refinado. O potencial desses modelos é imenso e possivelmente nos ajudará a compreender os primeiros estágios do desenvolvimento da placenta, mais difíceis de serem observados nos exames de imagem. Além disso, podem ser utilizados para auxiliar na compreensão de grandes perguntas sobre a gestação — por exemplo quais substâncias, vírus e bactérias poderiam passar da mãe para o feto ao longo da gravidez —, tendo potencial para se tornarem ferramentas úteis em testes de medicamentos.

5. A teratologia e a influência do estilo de vida

A TRAGÉDIA DA TALIDOMIDA deixou evidente a necessidade de a ciência dedicar esforços para entender os efeitos que medicamentos e outras substâncias do dia a dia podem causar ao desenvolvimento gestacional. Ganhava força a teratologia, disciplina até então incipiente que estuda alterações congênitas e o papel dos teratógenos — substâncias que podem provocar malformações no embrião ou no feto. Os primeiros estudos na área surgiram ainda no século XIX, quando o zoólogo Étienne Geoffroy Saint-Hilaire manipulou ovos de galinha com uma infinidade de estímulos, como injeções e sacudidas, a fim de observar diferenças na formação dos embriões. Continuando o legado, seu filho Isidore Geoffroy Saint-Hilaire classificou diversos tipos de "monstruosidades", como de maneira infeliz foram chamadas, na época, as grandes variações na anatomia-padrão de um animal, a exemplo da falta de olhos, cérebro ou de gêmeos siameses. Isidore alegou que as variações tão grandes deveriam ser um produto de alterações ambientais durante o desenvolvimento, e cunhou o termo "teratologia", originada do grego *terato*, que significa monstro.

Superstições, misticismo e ciência

Muito antes do início da teratologia experimental, o nascimento de um animal ou criança com malformações graves era visto como uma singularidade da natureza, e esses filhotes ou bebês eram submetidos à espetacularização para a sociedade. Dependendo da cultura, da época e do tipo de alteração anatômica, uma "monstruosidade" poderia significar tanto um castigo divino quanto uma dádiva. Tábuas datadas de 700 a.C. encontradas na Mesopotâmia listam malformações específicas e suas consequências. Como exemplos, o nascimento de um bebê sem a mão direita significaria a iminência de um terremoto; já um menino nascido sem o pênis trazia a esperança de uma excelente colheita no campo.[1]

A já citada crença aristotélica de que a falta de calor durante a gestação poderia produzir defeitos no feto entendia o frio como um agente teratógeno. Assim, situações que pudessem perturbar o equilíbrio térmico, como variações climáticas, mudanças na órbita dos planetas ou até exageros na alimentação da mãe, poderiam induzir alterações fetais. Consumir bebida alcoólica em excesso era um dos fatores a serem evitados. O álcool é atualmente reconhecido como um teratógeno, mas à época seu principal malefício seria supostamente retirar o calor dos humanos. Casais eram alertados que, se estivessem bêbados no momento da relação sexual, isso poderia resfriar o útero da mulher. Advertências que vinham da época de Platão afirmavam que "um homem embebido em vinho [...] é desajeitado e péssimo em semear sementes e, portanto, provavelmente gerará descendentes instáveis e desconfiados, tortos em forma e caráter".[2] A teoria do calor natural permaneceu vigente por séculos, até a época do Renascimento.

A teratologia e a influência do estilo de vida 115

Em algumas civilizações asiáticas ou durante a Idade Antiga na Europa, um bebê com uma malformação visível poderia ser venerado e encarado como um enviado divino. Ainda no Velho Continente, mas na Idade Moderna, se a alteração anatômica fizesse o recém-nascido ter traços que lembrassem os de um animal, a mãe poderia ser condenada por bestialidade. Como exemplo, uma mulher que deu à luz um bebê com "cabeça de gato" (provavelmente um feto anencéfalo) foi queimada em praça pública em Copenhague em 1683.[3]

Variações menos drásticas dessas crenças originaram a "teoria das impressões maternas", na qual visões assustadoras vivenciadas pela mãe poderiam causar alterações no feto. Se uma gestante ficasse impressionada ao ver um homem sem um braço, por exemplo, seu filho poderia nascer com alguma malformação nesse membro. Hoje reconhecidas como superstições, essas ideias foram sustentadas por muitos pesquisadores durante os séculos XVIII e XIX, sendo inclusive publicadas em livros e artigos científicos. Karl Ernst von Baer, um dos protagonistas em desvendar o papel dos ovos na reprodução, relatou o caso de sua irmã, que durante a gestação observou um incêndio e temeu por muito tempo que a própria casa pegasse fogo, sendo esse fato declarado como a causa de uma mancha vermelha presente na testa do bebê ao nascer.[4]

A era da teratologia moderna

Os primeiros trabalhos sobre teratologia utilizando experimentos em mamíferos surgiram por volta de 1930. Fred Hale, um pesquisador da Estação Experimental de Agricultura do Texas, relatou o nascimento de duas ninhadas de porcos com diversas malformações, incluindo a ausência de olhos, após a mãe passar por uma severa deficiência de vitamina A (retinol) durante a gestação.[5] A continuação da pesquisa trouxe a primeira comprovação de que a ausência de um determinado nutriente pode provocar alterações no desenvolvimento embrionário. Cerca de duas décadas depois, experimentos em ratas mostraram que altas doses de vitamina A durante a gestação podem causar malformações no cérebro, face e membros.[6] Os estudos que vieram na sequência ajudaram a classificar a vitamina A e seus derivados, os retinoides, como teratógenos.

Hoje sabemos que a vitamina A é essencial para o desenvolvimento de vários sistemas do embrião, mas o excesso ou o uso de seus derivados durante a gestação pode afetar o desenvolvimento embrionário. Por isso, a OMS atualmente recomenda a suplementação de vitamina A na gestação somente em regiões onde a deficiência desse nutriente é considerada um problema de saúde pública.[7] Além disso, medicamentos com retinoides são sujeitos a um controle especial, justamente para evitar o uso por gestantes ou por mulheres tentando engravidar.

Descobrir que a falta ou o excesso de determinado nutriente poderia alterar a formação do embrião revelou apenas a ponta do iceberg da teratologia. Os defeitos ou anomalias congênitas, como são chamadas as malformações estruturais em recém-nascidos, têm múltiplas causas, que podem ser tanto intrínsecas — defeitos genéticos, alterações no número de cromossomos ou no metabolismo, por exemplo — quanto extrínsecas — como infecções e exposição a toxinas, poluen-

A teratologia e a influência do estilo de vida   117

tes ou certos medicamentos. Na maioria dos casos a origem é multifatorial, envolvendo fatores genéticos e ambientais. Algumas dessas causas serão discutidas adiante, mas é importante salientar que a ciência ainda está muito longe de entender completamente o que leva o embrião a desenvolver malformações, e em muitos casos a causa exata é desconhecida. Estima-se que cerca de 3% dos bebês nascidos vivos tenham alguma anomalia congênita, e essa frequência é ainda maior nos casos de perdas gestacionais espontâneas ou de morte neonatal.

Compreender como um fator ambiental específico pode influenciar em determinados desfechos é uma das tarefas mais difíceis da ciência. Na gravidez essa compreensão é ainda mais desafiadora, pois o estilo de vida pode implicar diferentes riscos à mãe e ao feto, e as pesquisas na área são limitadas. Se os estudos atuais conseguem demonstrar claramente os riscos ou benefícios que certas substâncias podem causar no desenvolvimento fetal, para muitas outras a resposta ainda não é tão clara.

A ciência e a medicina estão em constante evolução, e as recomendações devem ser baseadas nas melhores evidências disponíveis em cada momento. Não é incomum que nos estudos sobre teratógenos — que são complexos e envolvem múltiplas variáveis — grupos de pesquisa ao redor do mundo encontrem resultados diferentes analisando o efeito de uma mesma substância durante a gravidez. Além das características inerentes aos sujeitos que estão sendo pesquisados e que podem influenciar nos resultados, os cientistas que conduzem experimentos são humanos e, portanto, os estudos estão sujeitos a erros, mesmo que várias estratégias sejam utilizadas para tentar minimizá-los. Infelizmente, muitos trabalhos são produzidos com erros metodológicos, análises enviesadas ou estatísticas inadequadas, o que aumenta a confusão. Em geral, somente a repetição exaustiva dos experimentos em contextos diferentes, por variados grupos de pesquisa e com distintas populações é que ajuda a formar um consenso científico sobre determinado tema.

A susceptibilidade de um indivíduo a determinado teratógeno depende também da etapa do desenvolvimento em que ocorre a exposição. Por exemplo, caso um agente capaz de alterar a constituição dos membros tenha contato com o embrião no período em que seus braços e pernas estão sendo formados, haverá um efeito deletério. Dado que alguns sistemas se desenvolvem ao longo de todo o período gestacional — a exemplo do sistema nervoso —, a exposição a um agente capaz de perturbar a correta formação dessas estruturas será prejudicial durante toda a gestação, podendo provocar alterações maiores ou menores, a depender do momento. Muitos teratógenos podem, direta ou indiretamente, afetar a proliferação e a migração das células do sistema nervoso embrionário, ou alterar processos fisiológicos essenciais, como a formação de prolongamentos e conexões e a morte celular. Assim, o cérebro embrionário e fetal é um dos órgãos humanos mais suscetíveis aos efeitos de teratógenos.

Como nas oito semanas do desenvolvimento embrionário ocorre uma rápida e intensa formação de diversas estruturas, diz-se que esse é um dos períodos mais críticos da gestação quanto à exposição a teratógenos. Ainda, alterações que ocorram nas células nos primeiros dias ou semanas após a fecundação podem acarretar falhas na divisão celular do

A teratologia e a influência do estilo de vida 119

embrião, o que impede a implantação ou a formação dos tecidos, levando a uma perda gestacional muito precoce, em vez de induzir malformações.

Iniciando os testes de segurança

Na era pós-talidomida, quando se difundiu a percepção de que a placenta não era uma barreira impenetrável, os estudos de teratologia experimental ajudaram a buscar as causas e os mecanismos para os desvios no desenvolvimento típico dos embriões. Além disso, esse grande desastre mostrou a necessidade de implementar testes que avaliassem possíveis riscos ao desenvolvimento gestacional antes de lançar uma medicação no mercado. Esses ensaios deveriam ser incluídos na etapa pré-clínica, ou seja, na fase anterior aos testes em seres humanos. Estabelecer as regras que guiariam os testes de teratogenicidade foi uma missão difícil, que demandou anos de trabalho e o envolvimento de diversos grupos de pesquisa.

James Graves Wilson, um especialista em embriologia dos Estados Unidos, publicou em 1959 um guia com princípios da teratologia que auxiliou na elaboração das regras para os testes.[8] O trabalho foi uma expansão de observações anteriores feitas por Gabriel Madeleine Camille Dareste, por volta de 1900, que por sua vez se apoiou nos estudos com embriões de galinha de Etienne e Isidore Geoffroy Saint-Hilaire. Em 1973 Wilson aprimorou seus próprios princípios,[9] incluindo os fatores que afetam a susceptibilidade individual aos teratógenos, como os genes do indivíduo; a interação com outros fatores ambientais; qual o período do desenvolvimento embrionário durante a exposição; a natureza do agente teratógeno, sua dose e quais mecanismos ele exerce nas células. Todos esses fatores podem se manifestar em alterações no desenvolvimento como morte, malformações, retardo no crescimento ou defeitos funcionais.

Com uma gama tão grande de variáveis possíveis, compreender o efeito de uma substância na gestação requer múltiplas abordagens, com diversos modelos experimentais e o envolvimento de uma equipe experiente. Na década de 1960, instituições como a oms e o fda publicaram orientações para a realização de testes de segurança pré-clínicos para potenciais efeitos reprodutivos de novos medicamentos.[10] Esses documentos continham descrições detalhadas sobre espécies e números de animais não humanos necessários para cada teste, acasalamento dos animais, doses e tempos de tratamento necessários, e quais análises e observações deveriam ser feitas na prole.

Os guias de testes sobre teratogênese são constantemente atualizados, conforme o avanço da ciência e da tecnologia. Os experimentos são complexos, trabalhosos, caros e não esgotam todas as possibilidades de efeitos que um teratógeno pode exercer durante a gravidez. Outro importante fator a considerar é a variação de efeitos entre espécies animais. Por exemplo, testes posteriores com a talidomida demonstraram que seu uso em ratas e camundongos fêmeas grávidas era seguro, ao contrário do que acontecia com galinhas, coelhas e humanas. Por outro lado, diversos medicamentos seguros durante a gestação humana podem apresentar efeito teratogênico em outras espécies. Assim, extrapolar dados obtidos

A teratologia e a influência do estilo de vida

em estudos de teratogênese com animais não humanos para mulheres gestantes nem sempre será adequado.

Estudos em humanos

Gestantes foram historicamente excluídas de ensaios clínicos de novos medicamentos devido às preocupações com sua segurança, mas isso deixou um grande vazio de conhecimento sobre o efeito das medicações durante o desenvolvimento embrionário e fetal humano. A ideia de que retirar gestantes das pesquisas eliminaria os riscos para as mães e os bebês não se sustenta em termos de saúde pública, já que um bom percentual das gestações não é planejado e muitas mulheres que engravidam dessa forma estão utilizando medicamentos. Além disso, é comum que gestantes precisem de tratamentos para alguma condição de saúde crônica ou que venha a ocorrer durante o tempo de gestação. Assim, cria-se um dilema ético ao poupar fetos já existentes de possíveis efeitos adversos em um estudo clínico, mas com a provável consequência de expor um número ainda maior deles a efeitos desconhecidos.

Esse dilema foi ilustrado na pandemia de covid-19, quando a corrida extremamente acelerada por vacinas e tratamentos foi mais um fator que favoreceu a exclusão das gestantes dos ensaios clínicos. Com a aprovação das vacinas e sua distribuição pelo mundo, o princípio da precaução levou muitos países a inicialmente não recomendar a vacinação para gestantes, mesmo com dados indicando que esse grupo estava mais sujeito a desenvolver complicações graves da covid-19 que necessitavam de hospitalização, tratamento intensivo e ventilação mecânica. As restrições iniciais à vacinação de gestantes foram mais acentuadas em países de baixa e média renda,[11] muitos dos quais paradoxalmente estavam apresentando as maiores taxas de mortalidade materna por covid-19.[12]

Nos anos recentes, cresceu o apelo para que gestantes e lactantes sejam incluídas em ensaios clínicos. Algumas instituições e grupos de pesquisadores têm voltado seus esforços para a conscientização de que pessoas grávidas e bebês precisam ser protegidos dentro das próprias pesquisas clínicas, e não excluídos delas. O FDA, por exemplo, afirma que, se um medicamento é destinado a mulheres em idade fértil, ele deveria ser estudado também em gestantes e lactantes, mas raramente isso é feito. Evidentemente, para que essa população tão especial possa estar nas pesquisas é necessária uma abordagem cautelosa, permitindo a participação somente após dados em modelos animais não humanos e em voluntários humanos saudáveis mostrarem segurança. Além disso, os riscos e benefícios em participar do estudo devem ser completamente compreendidos pelas participantes, e estas devem ter o direito pleno de consentir participar ou não. Utilizando essas estratégias e contando com orientação e apoio institucional,[13] não apenas o número de pesquisas relacionadas a possíveis efeitos teratógenos de medicamentos seria ampliado, mas também haveria melhor entendimento sobre o tratamento de condições que afetam a própria gravidez, como diabetes gestacional, parto prematuro e transmissão de infecções da mãe para o feto.

Na falta de estudos clínicos que incluam gestantes, as informações sobre possíveis efeitos de vacinas ou medicamentos durante a gestação são obtidas por pesquisas que ocorrem

A teratologia e a influência do estilo de vida 123

após sua aprovação e comercialização. No caso das vacinas de covid-19, conforme a vacinação foi ocorrendo pelo mundo, muitas mulheres que não sabiam que estavam grávidas quando se vacinaram, ou que logo depois engravidaram, começaram a ser acompanhadas. Esses estudos mostraram a segurança da vacina para mães e fetos, o que contribuiu para a liberação da vacinação em gestantes nos países em que ainda havia restrições. Estudos como esses são observacionais: os pesquisadores apenas constatam e analisam exposições e desfechos, e é com esse tipo de pesquisa que obtemos a maior parte dos dados existentes sobre possíveis teratógenos.

Para entender o que causa uma malformação específica no coração, por exemplo, pesquisadores podem agrupar casos de bebês nascidos com essa alteração e investigar os hábitos de vida de suas mães e possíveis exposições a teratógenos durante a gravidez. Se o objetivo for avaliar os efeitos de um medicamento no desenvolvimento gestacional, os pesquisadores podem agrupar casos de gestantes que o utilizaram e observar a frequência de alterações nos seus bebês, comparando com um grupo de gestantes que não fizeram uso da mesma substância. Todas essas pesquisas têm limitações que devem ser levadas em consideração na hora de interpretar os resultados. Como dito antes, as malformações geralmente são originadas por um somatório de fatores ambientais e genéticos, o que nem sempre é fácil de avaliar em um estudo.

Populações diferentes têm origens e estilos de vida diversos, portanto um resultado obtido com determinada população pode não ser aplicável a todas as outras. Ainda, se um teratógeno causa malformações em um percentual baixo de gestantes expostas, esse efeito pode não ser detectado quando se analisa um grupo pequeno. Um exemplo é o antiepilético valproato de sódio, utilizado há cerca de cinco décadas no mundo. Estudos iniciais conduzidos com apenas doze recém-nascidos mostraram segurança no uso durante a gestação, mas análises subsequentes revelaram um possível efeito teratogênico, com um aumento na incidência de defeitos no fechamento do tubo neural.[14] Mesmo assim alguns especialistas ainda indicavam que os benefícios de seu uso no tratamento da epilepsia durante a gestação superavam os riscos de teratogenicidade.[15] Estudos seguintes, envolvendo um maior número de mulheres, mostraram que cerca de 10% dos bebês nascidos de mães que utilizaram valproato de sódio durante a gestação apresentavam malformações, cuja similaridade os agrupou em uma condição conhecida como "síndrome do valproato". Conforme a ciência avançou e mais pesquisas observacionais foram realizadas, a compreensão sobre o tratamento da epilepsia durante a gravidez melhorou, possibilitando que profissionais de saúde e gestantes tenham hoje acesso a escolhas mais seguras. O mesmo ocorre com diversas outras condições que requerem o uso de medicamentos durante o período gestacional.

Os desafios do presente e do futuro

Os avanços na ciência e na tecnologia têm permitido um melhor entendimento sobre os processos que ocorrem durante o desenvolvimento embrionário e fetal, além de aprimorarem as técnicas para os testes pré-clínicos. Estudos de toxicidade reprodutiva e do desenvolvimento (Dart) utilizam mode-

A teratologia e a influência do estilo de vida 125

los animais como ratos, camundongos, peixes-zebra ou até mesmo células-tronco embrionárias, identificando substâncias que podem acarretar riscos para a fertilidade e a gestação. Os resultados obtidos podem ser compilados em grandes bases de dados que auxiliam agências reguladoras, indústrias e instituições a compreender e prever possíveis efeitos aos seres humanos.

A área de toxicologia computacional, em franca ascensão, permite a triagem de milhares de substâncias antes mesmo dos testes em células ou em animais não humanos, reduzindo custos e agilizando estudos. Os programas alimentados com informações sobre o comportamento das células do embrião e sua interação com o organismo materno possibilitam traçar inferências sobre os riscos inerentes da exposição a determinados teratógenos em cada etapa. A inteligência artificial está rapidamente adentrando os estudos de toxicidade reprodutiva, levando a maior eficiência na predição de riscos e minimizando as preocupações éticas inerentes aos estudos com animais não humanos. Quanto mais compreendermos os mecanismos do desenvolvimento embrionário e fetal, mais simples e efetivos serão os estudos sobre teratógenos no futuro.

Se por um lado a modernização da sociedade gera tecnologias que facilitam e aprimoram as pesquisas sobre reprodução humana, por outro nos traz uma enorme diversidade de produtos químicos industriais e agrícolas cujos possíveis efeitos teratogênicos nem sempre são conhecidos. A lista das substâncias introduzidas no ambiente aumenta a cada ano, assim como a complexidade dos desenhos de ensaios a serem utilizados, que muitas vezes precisam simular a exposição simultânea a diversos produtos. Além disso, melhorias no diagnóstico e na compreensão de transtornos do neurodesenvolvimento levam à expansão dos estudos, que podem também incluir análises de comportamento dos indivíduos por um longo tempo após o nascimento. Essa área, chamada de teratologia neurocomportamental, trará importantes descobertas sobre a influência de fatores genéticos e ambientais no neurodesenvolvimento.

Gerar e parir um bebê hoje é muito mais seguro do que há cinquenta anos, mas, paradoxalmente, as preocupações atuais das gestantes tendem a ser maiores, em parte devido ao excesso de informações. Pesquisar, revisar e comunicar efetivamente os reais riscos de cada conduta na gestação não é uma tarefa simples. Além disso, a gravidez é naturalmente um período que traz muitas dúvidas e ansiedade. Nos tópicos a seguir, veremos como diversos hábitos relacionados ao estilo de vida podem influenciar no desenvolvimento embrionário e fetal. A apresentação das evidências serve para que gestantes e profissionais de saúde possam fazer a melhor escolha, de maneira informada, considerando a individualidade e os riscos e benefícios de cada conduta.

Álcool, o teratógeno mais utilizado

Quando o governo da Inglaterra começou a incentivar a produção local de gim, a partir de 1689, não sabia que o país estaria prestes a enfrentar uma das mais pesadas epidemias — a "epidemia de gim", que durou cerca de cinco séculos. Com preços baixíssimos e muita oferta, a bebida passou a ser rotineiramente consumida. A gravura *Gin Lane*, publicada

A obra *Gin Lane*, publicada por William Hogarth em 1751, ilustra o caos social de Londres na era do gim (William Hogarth, *Gin lane*, 1751, gravura em metal, 35 cm × 30,2 cm).

por William Hogarth em 1751, ilustra o cenário de caos social vivido em Londres na época: no primeiro plano, uma mulher embriagada solta um bebê, que despenca ao lado da escadaria em que ela está sentada, com a blusa aberta e os seios à mostra. Na lateral da cena, em meio a pessoas bêbadas e caídas, uma mãe entorna um cálice de gim na boca de uma criança.

Como reflexos da era do gim, começaram a surgir as primeiras associações explícitas entre o abuso de álcool e efeitos adversos na prole. Grupos médicos descreveram os bebês de gestantes alcoólicas como "fracos, débeis e destemperados" e "nascidos fracos e tolos [...] enrugados e velhos, como se tivessem muitos anos".[16] Contudo, foram necessários mais de duzentos anos para demonstrar que os efeitos observados nos filhos eram decorrentes do consumo de álcool durante a gestação. Mesmo após estudos no início dos anos 1900 que, em modelos animais não humanos e em humanos, atribuíram ao álcool um risco elevado para vários desfechos negativos, como malformações, nascimento prematuro e perda gestacional precoce, as recomendações para evitar bebidas alcoólicas na gestação seguiam incomuns. Nos anos de 1972 e 1973, um grupo de pesquisadores do Departamento de Pediatria da Universidade de Washington publicou uma série de casos de bebês com o mesmo padrão de alterações: baixo peso ao nascimento, falha em acompanhar a curva de crescimento típica, malformações no crânio, face ou membros, defeitos cardiovasculares e atraso global no desenvolvimento; em comum, todos tinham mães que abusavam do álcool. Esse grupo de sinais e sintomas foi nomeado de síndrome alcoólica fetal (SAF).

A SAF acarreta dificuldades de cognição associadas com anormalidades faciais, como: lábio superior fino, queixo pe-

A teratologia e a influência do estilo de vida

queno, nariz curto, fissuras das pálpebras curtas, anomalias nas orelhas e tamanho diminuído do crânio. Alguns trabalhos mostram que em gestantes alcoólicas, quanto maior for a ingestão de álcool, mais graves serão os defeitos faciais observados no bebê.

Pesquisas realizadas em animais não humanos mostram que, no cérebro embrionário e fetal ainda muito imaturo e em desenvolvimento, o álcool provoca a morte de neurônios em regiões cerebrais específicas e retarda o desenvolvimento de outras. Além do cérebro, a formação de todos os órgãos pode ser afetada, devido à interferência na divisão, proliferação e migração celulares. Quando uma gestante consome bebida alcoólica, pouco tempo depois o álcool atravessará a placenta, atingindo uma concentração no sangue fetal semelhante à do sangue materno. Entretanto, falta ao embrião a maquinaria necessária para metabolizar o álcool, potencializando seus efeitos tóxicos.

Ainda, ao ser eliminada pelos rins na urina, a substância se acumula no líquido amniótico, que é constantemente ingerido pelo feto. Além da ação direta, o álcool pode provocar a constrição dos vasos sanguíneos da placenta, dificultando a passagem de nutrientes e até de oxigênio para o feto. Em geral, quanto maior a ingestão de bebida alcoólica, maiores são as possibilidades de danos, mas a vulnerabilidade fetal pode variar em decorrência de fatores genéticos, principalmente relacionados ao metabolismo do álcool pelo organismo materno.

Apesar dos notáveis efeitos deletérios do alcoolismo em gestantes, não é somente em excesso que essa substância pode ser prejudicial. A SAF corresponde ao grupo mais severo das alterações chamadas de transtornos do espectro alcoólico fetal, que podem ser causadas até mesmo pelo consumo baixo a moderado durante a gestação. Esses transtornos podem resultar em alterações na anatomia do cérebro, no crescimento, no aprendizado e no comportamento, e são considerados a principal causa evitável das deficiências de desenvolvimento. Muitos desses efeitos serão observados apenas anos após o nascimento, sendo difícil atribuir a causa definitiva à ingestão de álcool durante a gestação. No entanto, centenas de trabalhos utilizando modelos animais não humanos e estudos de associação em humanos demonstram que mesmo o consumo leve aumenta o risco para uma série de alterações anatômicas, fisiológicas e comportamentais nos bebês e crianças. Por essa razão, as sociedades médicas e científicas endossam que não há como estabelecer uma quantidade de álcool que seja segura durante a gestação.

Assim, recomenda-se que o consumo seja zerado tanto por gestantes quanto por mulheres tentando engravidar — estima-se que mais da metade da população mundial acima de dezoito anos consuma bebidas alcoólicas e, portanto, é comum que as mulheres bebam ocasionalmente antes de descobrirem que estão grávidas. Para pessoas com dificuldades em parar de beber, recomenda-se ajuda especializada.

A controvérsia da cafeína

Quando alguém consome café e outras bebidas cafeinadas, a cafeína rapidamente alcança neurônios do cérebro, onde se liga aos chamados receptores de adenosina e inibe o sono, estimulando a vigília. Em outras regiões do corpo, a ligação

A teratologia e a influência do estilo de vida

a esses receptores promoverá diferentes efeitos, como aumento da frequência cardíaca, dilatação dos vasos sanguíneos nos músculos, aumento da motilidade do intestino e da secreção de ácido no estômago. O metabolismo da cafeína ocorre principalmente no fígado e depende de enzimas que possuem grande variabilidade genética. Assim, há pessoas que metabolizarão a cafeína mais rápido que outras. Algumas condições também podem afetar o metabolismo e a eliminação da cafeína do organismo, e uma delas é a gestação. Gestantes, principalmente no terceiro trimestre, poderão levar até três vezes mais tempo para eliminá-la pela urina.

Após consumir uma bebida com cafeína, esta atravessa a placenta e chega ao embrião ou ao feto, que possui pouquíssima atividade das enzimas que a metabolizarão. Em um bebê prematuro, por exemplo, o tempo de ação da cafeína pode ser vinte vezes maior do que em um adulto. As preocupações sobre a ação desse estimulante na gestação se concentram em possíveis alterações na circulação placentária e em efeitos diretos ao feto. Centenas de estudos já investigaram os riscos que a ingestão de café e outras bebidas podem trazer ao desenvolvimento gestacional, mas alguns resultados são contraditórios e dependem da dose consumida. Enquanto pesquisas em camundongos geralmente mostram efeitos negativos, como diminuição do peso do feto, alterações cardíacas, comprometimento dos vasos sanguíneos da placenta e perda gestacional, alguns estudos em humanos não obtêm os mesmos resultados.

Uma das limitações dos estudos de associação com gestantes é calcular de forma exata a quantidade de cafeína consumida diariamente durante vários meses. Essa dose varia de acordo com a bebida, com a concentração e com o modo de preparo. É importante lembrar que a cafeína está presente não apenas no café, mas também em outras bebidas, como os chás mate, preto e verde, refrigerantes de cola e chimarrão.

Diante das evidências existentes, a maioria das sociedades médicas e científicas recomenda que a ingestão de cafeína não ultrapasse duzentos miligramas por dia. O consumo acima desses níveis foi associado com maior risco para perda gestacional espontânea, restrição de crescimento intrauterino, baixo peso ao nascer e obesidade infantil. Devido aos resultados muitas vezes conflitantes nas pesquisas e primando pelo princípio da precaução, alguns especialistas preferem recomendar que a ingestão de cafeína durante toda a gestação seja reduzida ao mínimo possível. O cálculo da quantidade ingerida nem sempre é fácil, e geralmente é feito por aproximação. Por exemplo, uma xícara de café coado tem cerca de cem miligramas; uma lata de refrigerante de cola, quarenta miligramas; um espresso curto, 65 miligramas; e uma xícara de café descafeinado, menos de dez miligramas.

Chá não é tudo igual

Quando se fala em consumo de chás durante a gravidez ocorre uma certa confusão, já que originalmente chá significa a infusão da planta *Camellia sinensis*, que dá origem a bebidas como chá preto e chá verde. Porém, esse termo pode caracterizar a infusão de diversas plantas, como hortelã ou abacaxi. No caso do chá preto e do verde — ou do chá-mate e chimarrão (ambos feitos com folhas de *Ilex paraguariensis*) —,

A teratologia e a influência do estilo de vida 133

uma das preocupações é a cafeína, mencionada anteriormente, além de outras substâncias com ação estimulante. A quantidade de cafeína pode variar muito nessas bebidas, indo de cerca de dez a noventa miligramas em uma xícara. São poucos os estudos que avaliam os efeitos dos chás preto, verde, mate e do chimarrão na gestação, mas a maioria não encontrou malefícios nessas bebidas. Algumas pesquisas observaram que o consumo excessivo (acima de 1500 mililitros por dia) foi associado a restrição de crescimento fetal e baixo peso ao nascer.

Em relação a outros tipos de chás, os estudos são ainda mais escassos. Os que têm baixo potencial tóxico, como camomila, erva-cidreira e chás de frutas, tendem a ser liberados. Já os chás de plantas medicinais requerem cuidado redobrado, tanto por possíveis ações não estudadas em gestantes quanto pela procedência, já que não são incomuns os relatos de erros na identificação de plantas. Além disso, opções comerciais que tenham controle de qualidade são mais recomendadas, para evitar possíveis contaminações por bactérias ou fungos. Outra recomendação importante é que gestantes não utilizem chás como fonte de hidratação, para evitar o consumo excessivo das ervas.

O cigarro

Foi por volta dos anos 1950 que a ciência chegou a um consenso sobre a associação entre fumo e câncer de pulmão — uma doença até então rara, mas que se tornou praticamente uma epidemia após a grande popularização do cigarro. Com receio de perder consumidores, a indústria do tabaco começou uma grande campanha tentando frear o acesso público às evidências científicas. As propagandas incluíam imagens de médicos fumantes, cientistas com uma das mãos no cigarro e a outra no microscópio e até bebês incentivando suas mães a fumar.[17] Frases retiradas de artigos científicos eram mostradas de forma isolada, tentando distorcer o discurso para reforçar uma suposta ausência de malefícios: por exemplo, se uma pesquisa observasse que o fumo aumentava o risco de câncer, distúrbios respiratórios e circulatórios mas não alterava a saúde das articulações, apenas este último fato era divulgado nas campanhas. A estratégia foi tão certeira que em 1960 apenas um terço dos médicos estadunidenses estava convencido de que o cigarro poderia causar câncer de pulmão[18] e quase metade deles também fumava.

Atualmente o percentual de fumantes está em queda na maioria dos países, mas ainda é alto: cerca de uma em cada quatro pessoas fuma. A prevalência desse hábito em gestantes entre 1985 e 2016 variou entre as regiões do globo, indo de 8,1% na Europa a 0,8% no continente africano. A fumaça do tabaco contém vários produtos químicos que podem atravessar a placenta, causando danos e aumentando o risco de descolamento de placenta e do desenvolvimento de placenta prévia (posicionamento da placenta cobrindo o colo do útero). A nicotina pode alterar a circulação sanguínea maternofetal, diminuindo a quantidade de oxigênio e nutrientes que chegam ao bebê.

Fumar durante a gestação pode afetar a saúde tanto da mãe quanto do feto. Entre os riscos aumentados associados estão: restrição de crescimento, parto prematuro, sangramento

A teratologia e a influência do estilo de vida

durante o parto, malformações na boca e nos lábios (como fenda labial e palatina) e alterações pulmonares que requerem tratamento na infância. Estudos mais recentes apontam que alguns efeitos maléficos do tabagismo podem não ser restritos ao bebê que está sendo gestado, já que as células germinativas de mães que fumaram na gravidez podem receber alterações em seu DNA. A esse respeito, já foi apontado um risco maior para miopia, sobrepeso e alergias respiratórias em netos de gestantes tabagistas.

Grande parte dos riscos associados ao cigarro são reduzidos se as mulheres param de fumar no início da gestação. Porém, isso nem sempre é fácil: evidências mostram que, entre mulheres fumantes, somente cerca de metade consegue parar assim que engravida. Por isso, recomenda-se que quem planeja engravidar e tem dificuldade de largar o cigarro busque ajuda profissional.

Alimentação

A alimentação durante o período gestacional é cercada de tabus e variações culturais. Em algumas regiões, alimentos muito gordurosos ou adocicados são evitados por temor de que o bebê ganhe muito peso e o parto seja dificultado; em outras, determinados animais não podem ser consumidos por receio de que o feto adquira suas características físicas. Atualmente, o que grande parte das associações médicas e científicas recomenda é que gestantes tenham uma alimentação saudável, respeitando o contexto em que estão inseridas e suas preferências individuais.

Alguns alimentos específicos naturalmente carregam risco maior de contaminação por micro-organismos, e por isso incentiva-se mais cautela nesse consumo durante a gestação. É o caso de laticínios não pasteurizados (como queijos frescos), verduras cruas não higienizadas corretamente, carnes malcozidas e ovos crus. Uma das doenças que podem ser transmitidas por esses alimentos é a listeriose, causada pela bactéria *Listeria monocytogenes* e mais frequente em gestantes, pessoas imunocomprometidas e crianças. A listeriose é a terceira maior causa de infecção pelo consumo de alimentos contaminados no mundo e tem alto índice de mortalidade, entre 20% e 30%.

Durante a gestação ocorre um aumento na permeabilidade da mucosa do intestino materno, o que pode facilitar a invasão bacteriana. Ainda, as alterações no sistema imune típicas da gravidez podem dificultar a capacidade do organismo de combater essas bactérias, facilitando a multiplicação delas inclusive na placenta e no feto. A listeriose aumenta o risco de bebês natimortos, baixo peso no nascimento, parto prematuro e perda gestacional. A infecção no bebê pode causar complicações graves também após o nascimento, como meningite e sepse.

Além da *Listeria monocytogenes*, outros micro-organismos transmitidos por alimentos podem provocar infecções mais graves em gestantes ou infectar o feto, como é o caso do *Toxoplasma gondii*, que causa a toxoplasmose, da *Entamoeba histolytica*, causadora da amebíase, e da *Giardia lamblia*, que causa a giardíase. Para evitar a contaminação por esses parasitas, recomenda-se evitar a ingestão de carnes cruas ou malcozidas e recorrer à lavagem e higienização de frutas, ver-

A teratologia e a influência do estilo de vida

duras e legumes que serão ingeridos crus, utilizando solução sanitizante específica ou deixando esses vegetais de molho em uma mistura contendo uma colher de sopa de água sanitária com 2% a 2,5% de cloro ativo para cada litro de água, por quinze minutos.

A ingestão de peixe cru durante a gravidez é um pouco mais polêmica. Apesar de não ser recomendada pela maioria das sociedades médicas, é liberada por alguns especialistas. A principal parasitose relacionada ao consumo de salmão cru é a difilobotríase, conhecida como "tênia do peixe". Já o consumo de peixe cozido por gestantes é incentivado, por ser uma boa fonte de gorduras ricas em ômega-3, importantes para o desenvolvimento do sistema nervoso embrionário. Muitas sociedades médicas recomendam a ingestão semanal de duas ou mais porções de peixe. No entanto, é preciso atentar para qual tipo de peixe comer, já que algumas espécies podem ter níveis elevados de contaminação por metilmercúrio. Esse metal se acumula em ambientes aquáticos, contaminando toda a cadeia alimentar e sendo incorporado ao organismo após sua ingestão. À medida que um ser se alimenta de outro, a quantidade de metilmercúrio vai aumentando. Portanto, peixes no topo de cadeia alimentar, como atum, garoupa, peixe-agulha, espadarte e cação, em geral apresentam concentrações maiores desse contaminante e devem ser evitados por grávidas.

Entender a relação entre o metilmercúrio e a ingestão de peixes foi uma tarefa complicada para a ciência e infelizmente só foi possível a partir de uma grande tragédia ambiental. No início da década de 1950, na baía de Minamata, um vilarejo de pescadores no Japão, relatos de moradores apontavam para uma estranha síndrome em gatos, com miados, tremores, falta de coordenação motora e morte. Logo em seguida, alguns dos sintomas passaram a se manifestar em humanos, indo de dificuldade para caminhar até convulsões e perda dos sentidos. A história se espalhou pelo país, levando pesquisadores e funcionários do Ministério da Saúde para o local, na tentativa de descobrir as causas da "doença de Minamata". Os estudos concluíram que as dezenas de casos estavam associados à ingestão de peixes e mariscos pescados na comunidade. Somente três anos depois foi aventada a possibilidade de a fonte ser a contaminação por mercúrio nas águas da baía, vindo de despejos da Chisso, uma indústria química instalada na região havia quase duas décadas.

O mercúrio liberado na água é transformado em metilmercúrio por bactérias do ambiente e, ao ser ingerido, consegue alcançar vários órgãos, como o cérebro e, no caso de uma gestante, a placenta. O tecido nervoso de um embrião ou feto é o mais vulnerável à ação desse metal, e a exposição intrauterina a mercúrio pode afetar profundamente o neurodesenvolvimento, perdurando até a idade adulta. Em Minamata foram registrados milhares de casos de perdas gestacionais e nascimentos de bebês com defeitos congênitos, durante muitos anos. Em casos de mães contaminadas, mesmo bebês que nasceram sem sintomas apresentavam alterações no desenvolvimento, como dificuldades cognitivas, de fala e motoras.

Mais de sete décadas após o primeiro caso de intoxicação em Minamata, o metilmercúrio continua fazendo vítimas. Povos que vivem em regiões sujeitas à contaminação das águas são os mais impactados, como é o caso dos yanomamis, que habitam territórios entre os estados brasileiros do

A teratologia e a influência do estilo de vida 139

Amazonas e de Roraima. Em muitos locais, os peixes, que constituem a principal fonte de proteína das comunidades, são contaminados por dejetos vindos do garimpo ilegal. Análises de 2024 lideradas pela Fundação Oswaldo Cruz (Fiocruz) revelaram que principalmente os peixes carnívoros apresentam alta concentração de mercúrio, e o mesmo ocorre com muitos indígenas da região, incluindo crianças. Os indígenas com níveis mais elevados de mercúrio também apresentaram maior frequência de déficits cognitivos e danos em nervos nas extremidades.[19]

Se os riscos de alguns alimentos na gestação são pouco difundidos, outros levam a fama de nocivos sem razões fundamentadas. Mitos antigos em algumas culturas sugeriam que alimentos apimentados poderiam danificar a visão fetal, causando até mesmo cegueira, além de induzir o parto, o que não é verdadeiro. A canela é outra especiaria cercada de polêmicas. Muito se fala que ela teria propriedades abortivas e que precisaria ser evitada, mas não existem evidências para isso. A ingestão de canela em quantidades moderadas não altera o desenvolvimento gestacional. Como não existem estudos sobre seu consumo exagerado e nem há uma dose máxima diária estabelecida (mesmo para não gestantes), a recomendação é que ela pode ser consumida desde que sem excesso, como pode ser o caso quando há suplementação.

Evitar exageros na alimentação é um conselho antigo, mas que permanece atual e é ainda mais importante durante a gravidez. Mesmo certos alimentos considerados saudáveis, quando consumidos em grande quantidade, podem trazer algum prejuízo em situações bem específicas. É o caso de uma dieta centrada em alimentos muito ricos em flavonoides no terceiro trimestre gestacional. Os flavonoides são substâncias naturalmente presentes em algumas plantas que fornecem características como cor e aroma e possuem diversos efeitos benéficos à saúde. Exemplos são os sucos de uva e de frutas vermelhas, o chá-mate, o chocolate (especialmente o amargo) e os vegetais verde-escuros.

Existem evidências de que esses nutrientes em excesso podem aumentar o risco de fechamento precoce do canal arterial fetal — um vaso sanguíneo que comunica uma parte da artéria pulmonar com a artéria aorta, dois grandes e importantes vasos que saem do coração do feto e necessários para a circulação sanguínea intrauterina. O canal arterial deve se fechar logo após o nascimento, mas quando esse processo ocorre precocemente pode haver consequências, como a insuficiência cardíaca fetal. Isso não quer dizer que esses alimentos sejam proibidos durante a gestação — muito pelo contrário, eles podem estar presentes em dietas saudáveis. Porém, o consumo rotineiro e em grandes quantidades deve ser evitado no último trimestre em algumas situações.

O uso rotineiro de anti-inflamatórios como nimesulida, indometacina, aspirina, diclofenaco e ibuprofeno durante o terceiro trimestre é outra coisa que pode acelerar o fechamento do canal arterial. Existe o importante fator da sensibilidade individual, que não se pode medir previamente: os bebês da maioria das gestantes que consumirem grandes quantidades de alimentos ricos em flavonoides não terão quaisquer alterações; já outros podem sofrer constrição do canal arterial antes da hora. Portanto, recomenda-se cautela principalmente em casos de alterações nesse marcador nos exames do coração fetal.

A teratologia e a influência do estilo de vida 141

Cosméticos, produtos de beleza e de higiene pessoal

A gestação é uma época de muitas mudanças que podem induzir alterações na pele, como o aumento da pigmentação, o aparecimento de acne ou estrias, ou a piora de alguma condição dermatológica já existente. Assim, é comum que mulheres queiram utilizar cosméticos e tratamentos, e a avaliação da segurança durante a gravidez muitas vezes é difícil de ser estabelecida.

Os principais parâmetros utilizados para essa análise são o nível de absorção dos componentes pela pele e a existência de estudos de teratologia em animais não humanos. As recomendações sobre quais ativos devem ser evitados em cosméticos de uso tópico podem variar, mas, de forma geral, não são considerados seguros retinoides como tretinoína, isotretinoína, adaptaleno e ácido retinoico; ureia em concentração acima de 3%; ácido salicílico; chumbo; hidroquinona; e formaldeído.

Mais recentemente, as pesquisas têm focado em ingredientes de cosméticos e produtos de higiene pessoal conhecidos como disruptores endócrinos — substâncias que podem agir como hormônios, principalmente os sexuais, alterando funções fisiológicas. Nos organismos animais não humanos eles podem substituir, bloquear, aumentar ou diminuir a sinalização hormonal, acarretando riscos para diversas doenças, como infertilidade, certos tipos de câncer, alergias e alterações endócrinas.

Já existem centenas de estudos que mostram efeitos tóxicos desses componentes para o desenvolvimento embrionário, em modelos animais não humanos que vão de pequenos vermes a mamíferos como ratos e camundongos.

Nesse tipo de pesquisa, os cientistas expõem os animais a variadas concentrações de um disruptor endócrino ou de uma combinação deles, durante um tempo determinado, e depois avaliam uma série de parâmetros relacionados ao desenvolvimento dos ovos, dos embriões, da gestação ou dos filhotes. Esses experimentos são úteis para fornecer uma dimensão dos possíveis efeitos de diversas substâncias, mas não conseguem responder se podem de fato ocorrer com humanos, visto que em geral tanto a concentração quanto o tipo de exposição a que nós estamos sujeitos tendem a ser diferentes.

Muitas pesquisas feitas com mulheres gestantes já associam a exposição aos disruptores endócrinos de cosméticos e produtos de higiene pessoal a uma série de desfechos negativos, como um maior risco para baixo peso no nascimento, alergias infantis ou alterações imunes. Em geral esses estudos agrupam gestantes que usam ou não determinados produtos e avaliam e comparam uma série de parâmetros sobre a gestação ou o desenvolvimento dos bebês. No entanto, essas pesquisas não estabelecem relação de causa e efeito, não sendo possível confirmar se a real fonte para alterações no desenvolvimento da gestação ou dos bebês é a exposição aos disruptores endócrinos, já que muitos outros fatores podem estar envolvidos. Com um cenário tão complexo, fica difícil definir recomendações universais. Porém alguns especialistas e sociedades médicas preferem aconselhar que se evite determinadas substâncias sempre que possível, mesmo sem um consenso científico sobre seu prejuízo. Assim, podem constar nessa lista de ingredientes a serem evitados o triclosan (um agente bactericida usado como antisséptico ou conservante em produtos de higiene e beleza), os conservantes parabenos (que aparecem como *methylparaben, ethylparaben, propylparaben* e *butylparaben*) e os ftalatos (que podem aparecer como *phthalates, dibutylphthalate, dimethylphthalate* e *diethylphthalate*), entre outros.[20]

Uma das dúvidas mais frequentes no "pode ou não pode" de cosméticos na gestação é em relação a tratamentos nos cabelos, como tinturas e alisamentos. A preocupação é tanto a possível absorção dos produtos químicos pelo couro cabeludo quanto a exposição da gestante aos vapores, que em alguns casos (como nos alisamentos com formol) podem ser nocivos. Um dos problemas para determinar a segurança de uso é o pequeno número de pesquisas e a dificuldade em realizá-las, principalmente diante da enorme variedade de tinturas para cabelo e alisamentos existentes no mercado. Além disso, os fabricantes com frequência trocam a composição de seus produtos. As análises de riscos são feitas com base nos ingredientes utilizados nas formulações e em estudos de associação, que avaliam determinados parâmetros do desenvolvimento gestacional ou da saúde dos bebês nascidos de gestantes que foram expostas ou não a tinturas e/ou alisamentos.

A maior parte das pesquisas não mostra aumento de riscos maternofetais com o uso de tinturas de cabelo durante a gestação, embora existam alguns trabalhos que sugiram o contrário. Porém, seguindo o princípio da precaução, a maioria das sociedades médicas e científicas aconselha esperar até o segundo trimestre para realizar o procedimento, evitando o período inicial de desenvolvimento dos órgãos e sistemas. Também é indicado não utilizar tinturas com amônia, deixar os produtos somente pelo tempo recomendado pelo fabricante e fazer um teste antes do uso, para descartar alergias. A absorção dos produtos pelo couro cabeludo é, em geral, limitada. Porém, nos casos em que a pele está irritada ou com alguma lesão, essa infiltração pode ser maior, e então o uso deve ser evitado. Gestantes que aplicam tinturas no próprio cabelo ou que trabalham com isso devem usar luvas e realizar os procedimentos em áreas bem ventiladas. Substâncias alisantes que liberam fortes odores quando aquecidas, como formol ou seus derivados, não devem ser utilizadas.

Os contaminantes emergentes

A contaminação ambiental por substâncias com efeito disruptor endócrino é um problema novo, cujas implicações ainda precisam ser mais bem compreendidas. Esses contaminantes também podem estar presentes no ambiente na forma de resíduos de pesticidas, de produtos químicos industriais e de medicamentos, que por si só podem causar efeitos diversos, como alterar processos das células em desenvolvimento, com possíveis implicações na formação ou no funcionamento de órgãos e sistemas.

Se não sabemos ao certo seus efeitos em seres humanos nem a concentração de cada contaminante a nosso redor, como poderemos inferir o risco que eles representam para gestantes? Com tantas dúvidas a serem respondidas, recentemente me atrevi a iniciar projetos de pesquisa e colaborações nessa área, visando conhecer esses contaminantes, monitorar seus níveis e avaliar formas eficazes de diminuir a chamada poluição emergente. Estudos que envolvem diferentes áreas

A teratologia e a influência do estilo de vida 145

do conhecimento precisam contar com a participação de vários pesquisadores com expertises diversas e nos tiram da zona de conforto. Se eu estava acostumada a passar horas dentro de um laboratório utilizando microscópios, agora também encaro saídas de barco para coleta de água e sedimentos em locais mais remotos, ou atividades em escolas para falar da conexão entre saúde e ambiente e a forma adequada de descartar os medicamentos vencidos.[21]

Como as mulheres em idade reprodutiva e os embriões, fetos e bebês em desenvolvimento são grupos mais suscetíveis ao efeito de contaminantes, iniciativas para reduzir esse tipo de poluição em alguns países focam majoritariamente na saúde maternoinfantil. É o caso das regulamentações que limitam o uso do bisfenol A (BPA), um ingrediente utilizado na fabricação de plásticos rígidos. Após diversos estudos detectarem a presença de BPA no sangue materno, na placenta, no cordão umbilical, no líquido amniótico e no sangue fetal de seres humanos, e de pesquisas em animais não humanos sugerirem possíveis efeitos negativos (como alterações hormonais e de comportamento), diversos países, incluindo o Brasil, proibiram a comercialização e a oferta de mamadeiras, bicos e chupetas com esse componente. A medida teve como base o princípio da precaução, já que as pesquisas não são conclusivas sobre qual seria a exposição segura de pessoas ao BPA.

Os possíveis efeitos adversos de contaminantes ambientais no desenvolvimento fetal são mais bem compreendidos nos casos em que ocorre exposição ocupacional elevada — em trabalhadoras de fábricas que utilizam produtos químicos ou de zonas rurais com uso de agrotóxicos. Muitos estudos associam o uso de defensivos agrícolas a um risco maior de malforma-

146   *A ciência da gestação*

ções fetais, e esse parece ser maior em profissionais que manipulam esses produtos ou em moradores de áreas próximas às lavouras. Pesquisas brasileiras também demonstram maior prevalência de anomalias fetais e de câncer infantil em regiões onde a produção de grãos é mais elevada. Para gestantes que trabalham em contato com produtos químicos, a orientação é conhecer os agentes aos quais estão expostas e os possíveis riscos para o desenvolvimento embrionário e fetal, e adotar todas as medidas de precaução necessárias — o que em alguns casos, a depender das substâncias utilizadas, inclui afastamento das atividades laborais.

A ideia da "genética perfeita"

Sempre que uma grande novidade da embriologia é noticiada, a exemplo dos modelos de embriões sem óvulo ou espermatozoide, uma parte da opinião pública pressente que em breve será possível encomendar bebês com todos os predicados desejados. A sensação de que há um rápido progresso na compreensão da embriologia humana é capaz de levantar a hipótese de que os bebês do futuro poderão ser moldados durante a gestação, de modo a evitar influências negativas da genética ou do ambiente, além de salientar aspectos considerados positivos pela nossa sociedade, sejam eles atributos físicos ou intelectuais. No entanto, o avanço da ciência sempre deverá ser acompanhado por critérios éticos fortemente estabelecidos.

Nos últimos anos houve um grande salto no mapeamento de genes que causam doenças crônicas ou malformações congênitas. Surgiram ainda procedimentos baseados na te-

A teratologia e a influência do estilo de vida

rapia gênica, que já tratam a nível genético algumas poucas condições que antes eram consideradas incuráveis. Um dos exemplos é o Zolgensma, a terapia gênica para a atrofia muscular espinhal (AME), uma doença degenerativa rara. Nessa condição, os bebês nascem com uma mutação no gene SMNI, o que interfere na capacidade de produção da proteína SMN, essencial para a sobrevivência de neurônios. Na AME do tipo I, os bebês não adquirem os marcos de desenvolvimento típico, como sustentar a cabeça ou sentar, e ao longo dos meses perdem a capacidade de realizar as funções básicas de deglutição e respiração. O Zolgensma substitui o gene defeituoso por um funcional, restaurando a capacidade de produção da proteína SMN e a função dos neurônios. Um tratamento tão transformador tem um preço à altura — na época do lançamento, em 2019, foi considerado o mais caro do mundo. O custo do investimento em pesquisas feito pela indústria farmacêutica, aliado ao mercado restrito de bebês com essa doença rara e ao potencial de salvar vidas, é a justificativa dessa indústria para o preço exorbitante, o que infelizmente ainda impede um amplo acesso mundial a essa inovação científica. Ainda em relação à AME, foi divulgado em 2025 o primeiro caso de tratamento iniciado durante o período fetal, em uma gestante dos Estados Unidos. Até o momento da pesquisa, a bebê, então com mais de dois anos de idade, não apresentava sinais de fraqueza muscular.[22]

Com o aprimoramento das técnicas de edição genética, novos cenários podem ser explorados, como a tentativa de remover cópias extras de cromossomos inteiros. No início de 2025, pesquisadores do Japão revelaram uma metodologia capaz de aniquilar o cromossomo extra em células humanas cultivadas e com trissomia do 21 (síndrome de Down), restaurando seu funcionamento padrão. Mesmo sendo muito promissor, esse método ainda não pode ser aplicado em organismos vivos, mas abrirá caminho para as próximas pesquisas.[23] A possibilidade de corrigir alterações genéticas que causam doenças gravíssimas e incuráveis é dos maiores avanços que a ciência pode vislumbrar para o futuro. Contudo, existem desafios importantes para esse progresso, incluindo questões do campo bioético. À medida que o conhecimento sobre manipulação genética humana aumentar, será ampliado também o número de condições passíveis de serem tratadas.

Assim como qualquer tratamento médico, a terapia gênica não está isenta de efeitos colaterais graves ou de insucesso, e, portanto, deve ser restrita a condições que ameaçam a vida. Esse não foi o caso de um dos maiores escândalos divulgados na comunidade científica na década passada. O professor He Jiankui, de Shenzhen, no sudeste da China, anunciou em 2018 que realizou pela primeira vez no mundo a manipulação genética em três embriões humanos que, após procedimentos de FIV, geraram três bebês — duas gêmeas nascidas em 2018 e uma terceira criança que veio ao mundo em 2019. He Jiankui alegou que modificou o gene CCR5 na tentativa de reproduzir uma mutação que confere resistência à infecção pelo HIV. O professor conduziu seu trabalho sem a aprovação de comitês de ética e sem transparência, garantindo o repúdio de pesquisadores e instituições científicas de todo o mundo. Em 2019, um tribunal da China o sentenciou a três anos de prisão por falsificar documentos de revisão ética e por violar as leis do país que proíbem a manipulação genética de gametas, zigotos ou embriões para fins reprodutivos.

A teratologia e a influência do estilo de vida 149

Utilizar técnicas de edição genética sem o devido amparo ético abre a possibilidade de construir "bebês sob medida", sem qualquer evidência de sucesso e sem o conhecimento dos possíveis efeitos adversos a médio e longo prazos. Além disso, se essa possibilidade se concretizasse, pessoas de alto poder econômico poderiam gerar descendentes com características consideradas superiores às do restante da sociedade, aumentando ainda mais as desigualdades e favorecendo a ascensão de novas formas de eugenia.

Dilemas éticos sobre alterações genéticas em embriões já são discutidos em alguns países, como situações que envolvem a escolha de interromper a gestação em caso de síndromes cromossômicas como a trissomia do 21. O exame pré-natal não invasivo (NIPT) é um teste de triagem que, a partir de uma amostra do sangue materno, avalia o risco de alterações cromossômicas no embrião ou feto, sendo geralmente realizado após a nona semana de idade gestacional. Alguns países europeus oferecem a testagem para todas as gestantes, e, nos Estados Unidos, 25% a 50% das mulheres optam pelo teste.[24] Com a popularização do NIPT, o percentual de nascimentos de bebês com trissomia do 21 foi reduzido em mais de 50% na Europa nos últimos anos e quase desapareceu em países como Islândia e Dinamarca. Em nações de baixa e média renda, no entanto, os testes são pouco acessíveis, e em muitos casos a interrupção da gravidez é proibida, gerando um cenário no qual a prevalência de pessoas com síndromes cromossômicas tende a ficar restrita às camadas economicamente menos favorecidas da sociedade.

As implicações éticas em discussão hoje incluem a possibilidade de redução futura nas pesquisas e na disponibilidade de cuidados especializados para pessoas com essas síndromes, além da mudança de percepção pública sobre o valor das pessoas que se encaixam nesses diagnósticos. É importante salientar que o NIPT é um teste de triagem, não de diagnóstico. Em 2022 o FDA publicou um alerta para que pacientes e profissionais de saúde não utilizem os resultados dessa testagem de forma isolada para decidir sobre a interrupção de uma gravidez.[25] Resultados no NIPT que mostram risco aumentado de determinada síndrome cromossômica devem ser confirmados por outros testes, como a amniocentese ou a biópsia de vilosidades coriônicas.

O progresso da ciência permite atualmente que pacientes que passam por FIV possam testar os embriões gerados antes da transferência para o útero, investigando a presença de síndromes cromossômicas ou alterações genéticas responsáveis por doenças como distrofia muscular, fibrose cística e hemofilia. Mesmo com seus potenciais benefícios, esses procedimentos também não estão livres de controvérsias, já que alguns resultados obtidos nas testagens são inconclusivos. Avanços em técnicas cirúrgicas também tornaram possível a correção de algumas malformações fetais ainda no útero materno, a exemplo de alguns casos graves de espinha bífida, como a mielomeningocele, e obstruções em órgãos ou vasos sanguíneos.

O avanço do conhecimento no campo da genética humana tem permitido maior compreensão sobre a influência dos genes no desenvolvimento de diversas doenças ou condições. Mutações (alterações no material genético) que ocorram no DNA do espermatozoide ou do óvulo serão repassadas aos descendentes. Essas mutações alteram a sequência

A teratologia e a influência do estilo de vida

das bases — os blocos de construção do DNA —, e, assim, modificam os genes e suas funções. Mas nem toda alteração na função dos genes é provocada por mutações: algumas estruturas químicas podem se ligar à cadeia de DNA sem alterar sua sequência de bases, e mesmo assim conseguirem ativar ou desativar um gene específico. Essas alterações são conhecidas como epigenéticas e fazem parte de uma área de estudo recente e de muito impacto na ciência.

Com o entendimento de que mudanças em determinados genes podem aumentar o risco para certas condições, surge também um mercado que se aproveita dessas informações para vender soluções mágicas — que na verdade não existem. É na onda de prevenir ou impedir o aparecimento de alterações genéticas nos bebês que programas de suplementação e dietas na gravidez que supostamente "zeram a genética de doenças" ou "modulam a epigenética" têm sido propagandeados e oferecidos em clínicas e por profissionais de saúde. No entanto, não há qualquer respaldo científico para tal. Fatores ambientais de fato podem induzir modificações epigenéticas nas células germinativas (óvulos e espermatozoides), alterando a expressão de genes do embrião sem mudar sua sequência de DNA. E hábitos saudáveis durante a gravidez são essenciais para manter a saúde do futuro bebê, mas nenhum suplemento ou combinação específica de alimentos é comprovadamente capaz de anular doenças genéticas, nem de garantir superioridade física ou intelectual da prole.

Se a ciência caminha para reduzir a incidência de algumas doenças genéticas e aplacar o sofrimento de bebês e suas famílias, é necessário assegurar paralelamente que o progresso científico e tecnológico não venha junto com o capacitismo e o preconceito. É impossível garantir que qualquer criança ou adulto terá uma vida livre de doenças crônicas ou de deficiências, mesmo com os mais avançados testes e protocolos disponíveis hoje e em um futuro próximo. Portanto, a inclusão da diversidade e das atipias, bem como o cuidado para com os mais vulneráveis, deve fazer parte da vida em sociedade em todo o mundo.

6. As mudanças no corpo e na mente

A PRIMEIRA VEZ QUE vi um episódio da série de TV *Eu não sabia que estava grávida*, que conta histórias chocantes de mulheres que não sabiam da gestação e já estavam prestes a parir, fiquei incrédula com a possibilidade de carregar um feto por meses sem perceber que algo está muito diferente no corpo. Eu descobri minha primeira gestação com cinco semanas e senti com muita intensidade todos os tipos de sintomas possíveis; na segunda, surpreendentemente descoberta apenas com onze semanas, o único incômodo era um leve refluxo. Contudo, chegado o terceiro trimestre, o peso e a pressão na barriga, a limitação de movimentos e as alterações de humor foram muito perceptíveis nas duas vezes, o que ainda me causa uma pontinha de inveja das pessoas que conseguem viver plenas e sem sensações desagradáveis até a hora do parto.

Apesar da grande variabilidade individual nos sintomas da gestação, a maior parte das mudanças do corpo nesse período são típicas e comuns. Muitas alterações ocorrem na anatomia, na fisiologia e no metabolismo das mulheres durante a gravidez. São mudanças na forma do corpo, no posicionamento dos órgãos, no peso, na concentração dos hormônios, no funcionamento do sistema imune e até no cérebro. Tudo precisa ser sincronizado ao longo dos meses para preservar o desenvolvimento embrionário e fetal e manter a saúde materna. Esse complexo desafio biológico gera sintomas como os famosos enjoos, especialmente no primeiro trimestre, além de muita sonolência e fadiga.

São raros os casos no reino animal em que o papel de gestar cabe aos machos: as exceções são o cavalo-marinho, o peixe-cachimbo e o dragão-do-mar, todos pertencentes à família dos singnatídeos. Nesses casos, as fêmeas depositam os ovos em uma espécie de bolsa no macho, que os fertiliza e carrega por todo o período de incubação. Curiosamente a gestação dos cavalos-marinhos e a dos humanos guardam diversas semelhanças: os machos desenvolvem uma estrutura similar à placenta, que possui vasos sanguíneos e permite a troca de gases e nutrientes e a remoção dos resíduos do metabolismo dos embriões; na hora do parto, ocorre a contração de feixes musculares ligados à bolsa, permitindo sua abertura e a expulsão dos filhotes. Não se sabe ao certo por que a gestação é conduzida pelo macho nas espécies da família dos singnatídeos, mas uma hipótese é que isso ocorre para dividir os custos da reprodução entre machos e fêmeas e aumentar o número de ninhadas por indivíduo: enquanto o macho carrega e nutre os filhos, a fêmea produz uma nova rodada de ovos.

Nos seres humanos, o custo reprodutivo recai sobre a mulher, tanto no aspecto biológico quanto no sociocultural. Apesar de a gravidez ser considerada um processo natural do organismo feminino, não é tão simples quanto um passeio no parque, gerando transformações que podem causar prejuízos ou perdurar por toda a vida. Felizmente a ciência tem trabalhado na redução dos riscos inerentes à gestação, provendo mais saúde e qualidade de vida para as grávidas e puérperas.

O balanço dos hormônios

A gonadotrofina coriônica humana, ou hcg, é conhecida como o "hormônio da gravidez", por ser produzido pelas células trofoblásticas e detectado nos testes tradicionais. A concentração elevada de hcg consegue dar suporte para o corpo lúteo, sinalizando que a produção de progesterona e estrogênio deve continuar. Com um embrião já em desenvolvimento, os ovários precisam focar em tornar o útero um ambiente favorável à implantação, e não mais em amadurecer os óvulos. É o hcg que atua como o mensageiro da gravidez, comandando o balanço inicial nos hormônios. Sua concentração exibe um pico por volta da décima semana de gestação, e então diminui gradativamente, mantendo-se baixo até a hora do parto.

Próximo ao fim do primeiro trimestre, a placenta assume a função de produzir a progesterona, que tem papéis essenciais, como: preparar a mucosa uterina para a implantação, manter os músculos do útero relaxados e ajudar o sistema imune materno a tolerar a invasão embrionária. Outro hormônio secretado pelo corpo lúteo e pela placenta é a relaxina, que, como o nome sugere, ajuda a relaxar os ligamentos da região pélvica, permitindo o crescimento uterino e a preparação para o parto. Como as mulheres têm receptores para a relaxina em muitas articulações, os altos níveis desse hormônio podem predispor a lesões em ligamentos em regiões do corpo que nada têm a ver com a gestação. A frouxidão ligamentar na pelve e nos quadris também altera a estabilidade corporal, contribuindo para dores nessa região com o passar dos meses.

156 *A ciência da gestação*

Outro hormônio que se eleva subitamente na gravidez é o estrogênio. Seu nível aumenta no início, atingindo um pico no terceiro trimestre. A placenta também passa a produzir estrogênio por volta das dez semanas de gestação, e essa produção pode ocorrer a partir de precursores que venham do sangue da mãe ou do feto.

A progesterona e o estrogênio induzem mudanças no corpo da gestante e interferem em vários processos do metabolismo, como o controle da insulina e da glicose no sangue. As adaptações ocorrem para garantir que todas as necessidades do feto sejam supridas. No segundo e terceiro trimestres, por exemplo, o estrogênio ajuda a desenvolver os ductos mamários, o que será fundamental para o sucesso da amamentação.

Há aumento ainda nas taxas do hormônio estimulante de melanócitos — células que produzem a melanina que pigmenta nossa pele e que são sensíveis também ao estrogênio e à progesterona. Assim, gestantes têm uma propensão maior para a hiperpigmentação da pele, por exemplo melasmas, caracterizados por manchas escurecidas no rosto. Outras áreas da pele que já são naturalmente mais pigmentadas podem escurecer ainda mais na gestação, como as aréolas dos seios e a genitália externa. Além delas, uma pigmentação bem característica ocorre na *linea alba*, uma região situada no centro do abdômen, onde os músculos abdominais se encontram: abaixo da camada de pele e gordura, uma espécie de fita formada por um tecido fibroso esbranquiçado que vai da parte inferior do tórax até a pelve. Em geral não é possível percebê-la olhando para a barriga, mas em cerca de dois terços das gestantes a pele que recobre essa linha começa a escurecer a partir do segundo

As mudanças no corpo e na mente 157

trimestre, sendo chamada de *lineanigra*. A tendência é que esse escurecimento diminua após o parto, retornando à normalidade alguns meses depois. Com a maior sensibilidade da pele durante a gestação, os cuidados com a exposição ao sol devem ser reforçados, incluindo o uso de protetor solar.

O enjoo

Eu havia sido contratada como professora universitária havia poucos meses quando descobri minha primeira gestação. Precisei conviver por várias semanas com um misto de receio sobre como a notícia seria recebida no novo ambiente de trabalho, medo por alguns parâmetros alterados que haviam aparecido na primeira ultrassonografia (e que levantavam dúvidas sobre a possibilidade de a gestação ir adiante) e enjoo persistente, que me fazia desejar ficar deitada na cama bebendo limonada gelada o dia inteiro. Lembro de ministrar as aulas respirando fundo para evitar que qualquer cheiro estranho me fizesse enjoar ainda mais. As classes de anatomia que iniciavam logo após o almoço, nas quentes tardes do Rio de Janeiro, eram as mais complicadas, exigindo um esforço extra para suportar esse período.

O enjoo é um dos sintomas mais comuns da gestação e afeta cerca de dois terços das gestantes, principalmente no primeiro trimestre. Durante décadas de estudos, muitas hipóteses foram propostas para explicar essa reação tão frequente. A elevação súbita no estrogênio e na progesterona pode colaborar, já que ambos facilitam o relaxamento muscular, tornando o esvaziamento do estômago mais lento. Pesquisadores estadunidenses demonstraram há muitos anos que mulheres no primeiro trimestre da gestação que comumente sentiam náuseas tinham de fato um trânsito estomacal mais lento após as refeições. Esse mesmo padrão foi observado em algumas não grávidas que utilizavam medicamentos contendo progesterona ou uma combinação de estrogênio e progesterona em níveis similares aos encontrados durante a gravidez.

Uma forma mais grave do enjoo que ocorre em gestantes é a hiperêmese gravídica, que afeta até 2% das gestantes e pode ser muito debilitante. Nesses casos há náuseas e vômitos intensos, podendo levar a acentuada perda de peso e desidratação. Em algumas situações é necessária a internação hospitalar para reposição de fluidos em tratamento por via intravenosa. Entender o que causa os enjoos, por que alguns casos se agravam e como eles poderiam ser prevenidos são grandes perguntas da ciência. Uma pesquisa publicada em 2024 trouxe uma importante peça para esse quebra-cabeça: mulheres que têm sensibilidade aumentada a um hormônio chamado GDF15, cujos níveis se elevam na gravidez, estão sob um risco maior de sofrer de hiperêmese gravídica. A presença do GDF15 no sangue das gestantes foi descrita em 2000, e mais tarde se descobriu que ele é produzido por células da placenta derivadas da mãe e principalmente do feto. Mas outros órgãos, como os rins, a bexiga e até a próstata também produzem GDF15 em níveis baixos, fazendo com que nosso corpo se acostume a concentrações basais desse hormônio. Quando seus níveis aumentam, como no início da gravidez ou após a ingestão de substâncias tóxicas, são ativados receptores na região cerebral responsável pelo reflexo de náusea e vômito. Esse fato respalda a hipótese de

As mudanças no corpo e na mente 159

que o enjoo originalmente servia como um mecanismo para proteger os mamíferos — incluindo os fetos — de intoxicações. O GDF15 pode ter então evoluído com essa função, trazendo o ônus de produzir náuseas e vômitos acima da média em algumas gestantes mais sensíveis.

Analisando dados de mais de 18 mil mulheres, os pesquisadores observaram que as que tinham níveis mais altos de GDF15 mesmo sem estarem grávidas tinham um risco reduzido de desenvolver hiperêmese gravídica. Ou seja, quando o cérebro se "acostuma" a níveis mais elevados, a tendência é não reagir muito quando eles aumentarem ainda mais durante a gravidez. Concordando com esses achados, mulheres com doenças crônicas que aumentam os níveis de GDF15 parecem sofrer menos com os enjoos da gravidez. É o caso da beta-talassemia, uma alteração genética que acarreta defeitos nas hemoglobinas (as proteínas que transportam oxigênio nas hemácias) e produz níveis elevados de GDF15. A prevalência de enjoos e vômitos na gravidez em mulheres com beta-talassemia é de somente 5%, um número muito inferior à prevalência geral, de 60%.

A partir desses novos resultados, uma possibilidade para o futuro seria a avaliação dos níveis de GDF15 em mulheres que planejam engravidar, identificando as de maior risco para desenvolver hiperêmese gravídica, que poderiam então receber doses do hormônio na tentativa de dessensibilizar os receptores cerebrais responsáveis pelo reflexo do vômito. Outra esperança é o desenvolvimento de medicamentos que possam bloquear o hormônio GDF15 ou seus receptores em gestantes. Contudo, ainda são necessárias mais pesquisas para chegarmos a esse ponto, já que é preciso analisar se a alteração dos níveis hormonais poderia causar algum efeito deletério em diversos parâmetros da gravidez.

Uma fisiologia complexa

Vários órgãos da gestante respondem às mudanças hormonais, resultando em alterações no metabolismo, na função e até mesmo no tamanho de algumas estruturas. Pela ação dos hormônios circulantes e do próprio crescimento fetal, a capacidade uterina, que é de cerca de dez mililitros, aumenta para mais de cinco litros até o final da gravidez! Os níveis hormonais elevados induzem o aumento no tamanho das células musculares do útero, da mesma forma que ocorre na hipertrofia de um músculo treinado por exercícios. O maior volume das fibras musculares uterinas aumenta a resistência das paredes desse órgão, que precisa suportar o intenso crescimento do feto. No decorrer da gestação, o útero ocupa grande parte da cavidade abdominal e empurra alguns órgãos. Esse fato, aliado à ação dos hormônios que causam um relaxamento das fibras musculares do esôfago — principalmente a progesterona —, contribuem para a sensação de azia.

Outro órgão do sistema digestório a sofrer modificações pelos níveis hormonais elevados é o intestino: a motilidade diminui e em alguns casos pode ocorrer prisão de ventre. Várias reações do metabolismo são ampliadas, como a absorção intestinal do cálcio, que chega a dobrar. O objetivo é aumentar os estoques sanguíneos desse mineral, que será então transportado até o feto para garantir a formação de seu pequeno esqueleto. Já durante a fase de amamentação, os hormônios

As mudanças no corpo e na mente 161

trabalham para que os estoques de cálcio sejam mobilizados dos ossos da mãe, visando atender a demanda de produção de leite. O cálcio dos ossos maternos é normalmente restabelecido após o desmame, encerrando um ciclo tão importante para a formação do sistema esquelético do bebê.

Uma pesquisa publicada em 2024 por cientistas da Califórnia trouxe uma revelação surpreendente sobre um hormônio chamado CCN3, que é secretado pelos neurônios maternos durante o período de amamentação.[1] O CCN3 estimula a função das células-tronco ósseas, facilitando a produção dos ossos e protegendo o esqueleto materno. Camundongos fêmeas que estavam amamentando e cuja produção de CCN3 foi bloqueada perderam massa óssea ao receberem uma dieta com baixos níveis de cálcio. Os filhotes em aleitamento, que deveriam ganhar cerca de 30% de peso em quatro dias, acabaram perdendo 10% do peso corporal quando foram amamentados por uma mãe que não produzia CCN3, mostrando que a viabilidade da prole depende dos níveis desse hormônio no cérebro materno. Além de desvendar o papel essencial de um hormônio até então desconhecido na amamentação e para a sobrevivência de mamíferos, essa descoberta abre a possibilidade de investigar a reposição de CCN3 como um tratamento potencial para condições que acarretam perda óssea em ambos os sexos.

No sistema cardiovascular, as alterações se iniciam no primeiro trimestre e ficam mais pronunciadas ao longo da gestação. A quantidade de hemácias aumenta em até 30% a partir da vigésima semana, devido à necessidade maior de oxigenação por parte do feto. Para compensar esse aumento, o corpo materno responde sabiamente, ampliando também a quantidade de fluidos no sangue, adequando sua viscosidade e permitindo que sejam transportados até o bebê. Por volta da 34ª semana, uma gestante tem cerca de 50% a mais de sangue que uma mulher não grávida com o mesmo peso. Para atender à maior demanda de sangue de vários órgãos, principalmente do útero, os vasos sanguíneos precisam se dilatar. A fantástica adaptação natural no sistema cardiovascular da gestante tem também outro componente: com a elevação da progesterona, ocorre o relaxamento das células musculares lisas, diminuindo a resistência dos vasos e consequentemente a pressão arterial durante o segundo trimestre.

No sistema respiratório, a quantidade de ar que entra e sai dos pulmões aumenta na gravidez, assim como o consumo de oxigênio e a produção de gás carbônico. Após o segundo trimestre, com o crescimento do útero, o espaço no tórax fica mais reduzido. O diafragma se eleva e, devido à sua movimentação mais limitada, algumas gestantes podem ter a sensação de "respiração curta", a chamada dispneia, principalmente durante algum esforço. Também o funcionamento dos rins se altera, e a taxa de sangue filtrado chega a dobrar no segundo trimestre. Com a pressão do feto sobre a pelve materna, até mesmo a posição da gestante influencia na função renal: ao ficar deitada de costas, a pressão do útero sobre os grandes vasos sanguíneos diminui, aumentando a função dos rins e consequentemente a produção de urina. Urinar com muita frequência é uma característica do período gestacional, agravada também pelo reduzido espaço abdominal, que acarreta compressão da bexiga.

Tolerando um estranho

Nosso sistema imune é encarregado de nos defender contra invasores e, para isso, precisa distinguir o que faz parte de nós e o que é um corpo estranho. Vírus, bactérias e parasitas são reconhecidos por células chamadas leucócitos ou glóbulos brancos, que produzem anticorpos e tentam combater o que está nos invadindo. Se alguém recebe um transplante de órgãos, por exemplo, precisará utilizar medicamentos imunossupressores, que diminuem a ação do sistema imune e evitam o ataque ao órgão que é formado por células de outra pessoa. Sendo assim, como o corpo da gestante tolera a presença do feto, um ser com 50% da composição genética diferente da mãe (ou 100%, no caso de uma gravidez com doação de óvulos)? Essa é uma questão que movimentou a ciência durante décadas, culminando com o postulado "paradoxo de Medawar", proposto por Peter Medawar, que visava entender como a gravidez, que se assemelha ao transplante de órgãos devido à presença de proteínas paternas no feto, pode perdurar por nove meses sem sofrer ataques do organismo materno.

Curiosamente Peter Medawar é um pesquisador britânico nascido no Brasil. Seus pais se mudaram do Reino Unido para Petrópolis, no estado do Rio de Janeiro, onde viveram até que, aos quinze anos, Medawar retornou para a Europa, onde estudou, se graduou e trabalhou por várias décadas. Devido a todas as suas descobertas sobre os mecanismos de tolerância imunológica, ele é conhecido como o "pai dos transplantes", tendo sido agraciado com o Nobel de Medicina em 1960.

Uma curiosidade: o Brasil nunca teve um representante entre os ganhadores do Nobel, e há uma suposição de que

Medawar tenha perdido a cidadania brasileira por não ter cumprido o serviço militar obrigatório na época (embora essa versão nunca tenha sido oficialmente comprovada).

A evolução dos humanos e de outros mamíferos placentários dependeu de pressões seletivas sobre o sistema imune materno, pois, para os fetos sobreviverem, as células imunológicas precisam atacar e eliminar vírus ou bactérias que possam causar doenças graves, mas não devem encarar o feto como um ser estranho. O órgão que comanda a tolerância na gravidez é justamente a placenta, que é composta de células maternas e fetais e filtra a exposição do feto a micro-organismos externos. Genes responsáveis pelo mecanismo de rejeição imunológica não são expressos na superfície das células trofoblásticas placentárias. Ainda no início do período gestacional, essas células produzem e liberam hormônios anti-inflamatórios e imunossupressores, além de proteínas que podem neutralizar células imunes maternas que representem perigo para o feto.

Para auxiliar na criação de um ambiente mais tolerante, as células imunes fetais exibem certo grau de imaturidade. No entanto, essa tolerância não pode prescindir da ação do sistema imune, quando necessário. Vimos anteriormente que a placenta não é uma barreira, permitindo a passagem de algumas substâncias, como é o caso de certos anticorpos maternos, que, ao atravessá-la, oferecem proteção imune contra infecções fetais.

Se sobreviver dentro do útero é um desafio imunológico, erros nos mecanismos de tolerância fetal podem ser críticos e contribuir para algumas complicações na gestação, como perda gestacional precoce, restrição de crescimento intrau-

As mudanças no corpo e na mente

terino e pré-eclâmpsia, uma condição que leva ao aumento da pressão arterial da gestante após a vigésima semana. Essa forma de hipertensão está associada com a reação do sistema imune materno, que dispara a constrição dos vasos sanguíneos, com consequente aumento na pressão. A pré-eclâmpsia é relativamente comum, afetando de 2% a 4% das gestantes no mundo e aumentando o risco de complicações de saúde em mães e bebês.

Apesar dos grandes avanços recentes no entendimento da relação entre os sistemas imunes materno e fetal, muitas lacunas de conhecimento deverão ser preenchidas nos próximos anos, como por que a gravidez confere suscetibilidade à infecção por alguns micro-organismos mas não por outros e qual a relação entre a tolerância fetal e o risco maior para complicações induzido por algumas infecções na gestação, a exemplo da covid-19. Dado que grande parte dos estudos nessa área é realizado em modelos animais como ratas ou camundongos fêmeas, ou em raras amostras humanas (devido às limitações éticas), aprimorar os modelos de estudo também possibilitará alavancar as pesquisas. Nesse sentido, os modelos que utilizam células-tronco humanas ajudarão a entender os erros que podem acontecer durante as fases iniciais da formação da placenta — momentos críticos para o estabelecimento da tolerância fetal e que podem trazer graves complicações para a gestação.

As pesquisas iniciadas por Medawar e colaboradores levantaram as primeiras evidências sobre o paradoxo da tolerância imunológica, aumentando o entendimento da complexidade imune no desenvolvimento gestacional e também permitindo o sucesso no transplante de órgãos humanos. Apesar das dezenas de milhares de transplantes realizados anualmente em todo o mundo, ainda há um grande percentual de perdas causadas pela rejeição, mesmo com o uso de medicamentos imunossupressores. Ao investigar a fundo os processos que comandam a tolerância do sistema imunológico materno e fetal, também serão descobertos importantes mecanismos que regulam o funcionamento do sistema imune em pessoas não gestantes, colaborando para propor novos tratamentos que aprimorem os protocolos de transplante de órgãos e outros tecidos biológicos.

Marcas para sempre

Um pouco antes dos anos 1900, o patologista alemão George Schmorl fez uma descoberta que traria muitas implicações para a ciência da gestação no futuro: analisando os pulmões de dezessete mulheres que faleceram de eclâmpsia — uma complicação grave da pré-eclâmpsia e que pode ser fatal se não tratada imediatamente —, ele encontrou células que aparentemente eram de origem placentária. Schmorl então fez a hipótese de que durante a gravidez poderia ocorrer a transferência de algumas células do feto e da placenta para o sangue e tecidos da mãe. Somente décadas mais tarde, por volta dos anos 1970, é que se observou a presença de células fetais na circulação sanguínea de grávidas, através da detecção de cromossomos XY no sangue de mulheres que gestavam meninos, em um procedimento semelhante ao que muitas décadas depois deu origem aos exames de sexagem fetal.

As mudanças no corpo e na mente

As mudanças no corpo e na mente

Atualmente o conhecimento sobre o fenômeno de transferência de células entre mãe e feto já é bem consolidado, e sabemos que algumas delas podem persistir por toda a vida em diversos órgãos, constituindo o que chamamos de microquimerismo, que pode ser fetal, quando células do feto habitam em alguns órgãos da mãe, ou materno, quando as células da mãe atravessam a placenta e se estabelecem em órgãos do bebê antes do nascimento. Assim, é possível que uma gestante tenha em seus órgãos algumas células do bebê que espera, outras que recebeu de sua mãe no período intrauterino e outras ainda que vieram transferidas de gestações passadas, inclusive de perdas gestacionais. Na mão dupla de tais trocas, é possível que um bebê herde células que foram de seus irmãos e até de sua avó materna. Toda essa troca começa bem cedo, por volta da quarta semana de desenvolvimento embrionário, e é consentida pela tolerância imunológica da gravidez.

Após o parto, o sistema imune materno tende a atacar algumas células, diminuindo seu número, mas sem impedir a livre residência de algumas, que se integram perfeitamente ao órgão em que estão alocadas, com a mesma funcionalidade das demais.

Se a troca e a permanência de células maternas e fetais já é bem fundamentada, as pesquisas agora se concentram em entender as consequências no longo prazo desse fenômeno, e os resultados nos mostram tanto aspectos positivos quanto negativos. Entre os efeitos nocivos, o risco aumentado para a mãe desenvolver algumas doenças autoimunes é um dos mais pronunciados. Já foi observado, por exemplo, que em mulheres com esclerose sistêmica, uma doença autoimune que leva à degeneração de tecidos de sustentação, a simila-

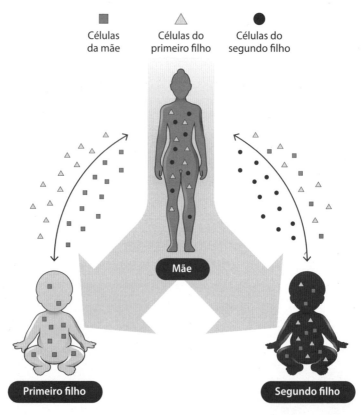

A transferência de células entre mãe e filhos (Cássio Bittencourt).

ridade genética entre as células próprias e as dos filhos era maior do que a existente entre mulheres sem a doença e seus herdeiros. Assim, na tentativa de combater células "forasteiras", o sistema imunológico materno pode acabar atacando suas próprias células, que são muito semelhantes. Concordando com esses achados, diversos estudos mostram um maior nível de microquimerismo em amostras de tireoide de mulheres com doença de Hashimoto e de Graves, duas condições em que as células imunes tentam combater as da tireoide.

As células fetais já foram implicadas também em outras condições. Algumas pesquisas encontraram níveis altos de microquimerismo fetal no sangue de mulheres com pré-eclâmpsia, perda gestacional espontânea e parto prematuro. No entanto, é importante salientar que grande parte do conhecimento atual nessa área vem de estudos de associação, em que a presença das células é observada em indivíduos com ou sem determinada doença, o que não necessariamente indica que o microquimerismo seja a causa da enfermidade. O mesmo se aplica à presença de células maternas nos filhos: o microquimerismo materno já foi observado em maior frequência em crianças com lúpus, diabetes tipo 1 e outras doenças autoimunes.

Apesar de a maioria das pesquisas reportar possíveis consequências negativas do microquimerismo, alguns efeitos benéficos também são sugeridos. Como as células embrionárias e fetais têm um poder maior de se diferenciarem em outros tipos celulares, elas poderiam atuar como células-tronco nos indivíduos adultos, contribuindo para a regeneração de tecidos em diversos órgãos, como já foi observado em amostras de fígado e de tireoide de animais não humanos que sofreram lesões.

No contexto positivo, a presença de células fetais nas mães também já foi apontada como um possível efeito protetor contra o câncer de mama e a doença de Alzheimer, embora exista a necessidade de análises mais aprofundadas. Como esses estudos são associativos, alguns pesquisadores especulam ainda que a presença do microquimerismo mais acentuado em algumas doenças poderia ser uma reação do próprio organismo, enviando essas células para os órgãos afetados na tentativa de que elas contribuíssem para o reparo tecidual. A passagem de células maternas para o feto também seria capaz de colaborar com o desenvolvimento, a exemplo do que já foi observado em camundongos, nos quais o microquimerismo materno parece ajudar a estabelecer etapas importantes para a construção e a comunicação das estruturas cerebrais fetais.

Ainda há muito a entender sobre as causas e as consequências do intrigante microquimerismo materno e fetal, tanto em humanos quanto em outros mamíferos placentários. Com tantas implicações possíveis, incluindo um risco aumentado para doenças, segue sendo uma incógnita como esse fenômeno permanece tão conservado nos organismos maternos. Seria ele um evento acidental, uma espécie de "vazamento" celular pela placenta, ou ocorreria de modo mais controlado, com uma função fisiológica a cumprir? Indo ao encontro da segunda opção, os pesquisadores Francisco Úbeda e Geoff Wild, ambos especialistas em modelos matemáticos aplicados à biologia, levantaram a hipótese, em 2023, de uma nova função para o microquimerismo materno e fetal.[2] Segundo eles, as células enviadas ao feto teriam uma função informativa: quanto maior a variabilidade genética do microquimerismo (resultado de um maior número de gestações anteriores pela mãe), maior seria a extração de nutrientes pelo feto, na tentativa de aprimorar a capacidade de passar adiante seus próprios genes. Essa ideia, que seria um mecanismo preservado ao longo da evolução, foi testada apenas em modelos matemáticos, mas certamente estimulará novas pesquisas nos próximos anos, aquecendo o debate entre diversas áreas de conhecimento, como a embriologia, a evolução e a biologia do desenvolvimento.

O cérebro da gestante

Um dos mandamentos de um organismo em cujo útero há um bebê crescendo é proteger esse bebê, e viemos acompanhando as muitas adaptações necessárias para isso. Elas abarcam também a otimização do apetite e do metabolismo maternos — incluindo a produção de energia, para garantir o crescimento e o desenvolvimento do feto — e importantes mudanças no cérebro da mãe. Essas modificações, comandadas pelos hormônios que se elevam na gestação, produzidos inicialmente no corpo lúteo e depois pela placenta, ocorrem tanto nas células, resultando no aumento ou diminuição da ativação de algumas populações de neurônios, quanto na comunicação entre regiões cerebrais, o que pode levar a alterações de comportamento. O cérebro materno também precisa trabalhar para que a mãe seja capaz de desempenhar muitas novas tarefas assim que o bebê nascer: produzir leite, estar sempre alerta a sons, conseguir se conectar com sua cria e ser capaz de atender às necessidades do recém-nascido a qualquer hora.

Em 2017, um estudo conduzido por pesquisadores da Espanha e da Holanda mostrou pela primeira vez que gestantes perdem tecido do córtex cerebral, a camada mais externa do cérebro, conhecida como massa cinzenta.[3] As análises foram feitas comparando-se exames de ressonância magnética de mulheres — desde o período em que estavam tentando engravidar do primeiro filho até alguns anos após parirem. A diminuição no volume do córtex cerebral causado pela gestação foi muito consistente, e ocorreu principalmente em regiões relacionadas ao processamento de habilidades sociais, como o reconhecimento de faces e emoções, perdurando por ao menos dois anos após o parto. Algumas estruturas localizadas abaixo do córtex, conhecidas como subcorticais e envolvidas na detecção de ameaças e recompensas, também foram levemente diminuídas. Mas o que a princípio parece uma perda na verdade pode representar um ganho: uma das hipóteses é que a diminuição de volume facilite as conexões entre os neurônios e, assim, aprimore as funções comandadas por aquelas regiões cerebrais. É como uma trilha na selva, em que a poda de algumas árvores pode abrir caminhos e facilitar o percurso. Reforça essa ideia o fato de que o cérebro materno promoveu uma ativação muito maior dessas regiões quando as mães observaram as fotos dos próprios bebês do que quando viram fotos de bebês desconhecidos. Assim, a perda de massa cinzenta promovida pela gestação parece ser uma reorganização que visa adaptar as mães para as demandas que surgem após o nascimento dos filhos.

Estudos subsequentes realizados por outros grupos comprovaram a perda, mas mostraram que dentro de algumas semanas ou meses após o parto poderia haver uma regeneração do tecido cerebral perdido. Mesmo com pequenas discordâncias, o que todas as pesquisas mostram é um padrão semelhante de diminuição de volume da massa cinzenta causado pela gravidez, que tende a retornar depois. Um novo trabalho, publicado em 2024, fez uma análise mais consistente desse remodelamento cerebral, analisando o córtex durante o período final da gravidez e acompanhando as mudanças no pós-parto.[4] Iniciando com um grupo maior de participantes, que incluiu 110 mulheres primíparas, esse estudo encontrou diminuições de volume temporárias na maioria das regiões

As mudanças no corpo e na mente

do córtex cerebral, mas que permaneceram por muitos anos em outras — os mesmos circuitos apontados pela pesquisa de 2017 (relacionados a reconhecimento de faces e de emoções como a empatia).

Em 2024, Elizabeth Chrastil e colegas publicaram um mapa detalhado de um cérebro humano ao longo do desenvolvimento gestacional.[5] No caso, o cérebro da própria Elizabeth. Se você trabalhasse como neurocientista e estivesse planejando uma gravidez, provavelmente ficaria bastante curiosa para saber como seu próprio cérebro seria modificado durante esse processo, e foi o que aconteceu com ela. Pesquisadora do Departamento de Neurobiologia e Comportamento da Universidade da Califórnia em Irvine, nos Estados Unidos, aos 38 anos Chrastil se ofereceu como objeto de estudo em seu grupo de pesquisa: como faria um protocolo de FIV, a ideia seria escanear seu cérebro por ressonância magnética antes de engravidar, durante os nove meses de gestação e após o parto. E os planos foram bem-sucedidos. Ao analisar os resultados de quatro ressonâncias realizadas antes da gestação, quinze durante a gravidez e sete nos dois anos seguintes ao parto, o grupo pôde observar uma espécie de metamorfose cerebral, com perdas de cerca de 4% de volume de substância cinzenta e somente um leve retorno após o parto. Contrastando com essas perdas, algumas regiões da substância branca que abrigam feixes de fibras nervosas levando informações pelo cérebro foram fortalecidas, principalmente no segundo trimestre da gravidez.

Agora que sabemos que a transição para a maternidade é marcada por profundas alterações cerebrais, incluindo mudanças anatômicas, novas perguntas surgem. O objetivo desse remodelamento do cérebro seria apenas preparar as mães para uma conexão maior com seus filhos? Nesse caso, regiões cerebrais que comandam esses comportamentos também poderiam ser modificadas em mães adotivas ou em outros cuidadores de bebês? Resultados preliminares sugerem que a perda de volume na massa cinzenta possa também estar relacionada a outros fatores, como a preparação para o parto — talvez aumentando a tolerância à dor, por exemplo —, já que o reganho de volume foi mais rápido em mulheres que tiveram cesárea agendada. Outra questão que paira no ar é qual seria o fenômeno responsável pelo encolhimento e posterior expansão dessas regiões cerebrais. É pouco provável que a causa seja a morte e a regeneração de neurônios, já que essas células raramente se regeneram no cérebro adulto. Uma hipótese mais plausível é que as responsáveis sejam as microglias, pequenas células imunes que residem no cérebro e têm múltiplas funções, desde a proteção contra infecções até o reparo de outros tipos celulares. De fato, estudos recentes em ratas mostraram que a perda de microglias está relacionada ao comportamento de cuidado maternal.

Um grupo de cientistas da Universidade de Ohio que já havia mostrado a diminuição do número dessas células na reta final da gravidez publicou uma pesquisa em 2023 analisando o efeito que uma perda proposital de microglias acarreta em roedores.[6] Para isso, eles trataram ratas virgens, que normalmente não exibem comportamento maternal, com uma droga que diminuiu a quantidade de microglias em até 75%. Após o tratamento, as ratas colocadas em contato com filhotes recém-nascidos passaram a cuidar deles, como seria a reação esperada para a mãe biológica.

As pesquisas do futuro poderão responder a muitos questionamentos atuais e ampliarão nossa crescente compreensão não apenas sobre o desenvolvimento gestacional, mas também sobre a neurociência das mulheres, que por muitos séculos foi ignorada. Grande parte do conhecimento existente na ciência do desenvolvimento cerebral foi obtido em roedores machos, já que o uso de fêmeas era evitado justamente pela possível variação de resultados devido aos ciclos hormonais. Com um maior número de mulheres cientistas e um incentivo à pesquisa sobre a anatomia e a fisiologia do cérebro feminino, poderemos entender a complexidade das mudanças trazidas pela gestação nos diferentes tipos celulares do cérebro, bem como o significado de cada uma delas.

Cadê a memória?

Com tantas modificações cerebrais durante a gravidez, será essa a causa dos lapsos de memória tão comumente relatados por grande parte das gestantes e mães? O fato é que o que chamamos de "memória" é algo muito complexo, que faz parte das funções cognitivas, as quais incluem atenção, raciocínio, resolução de problemas, planejamento, armazenamento e utilização de informações para executar tarefas específicas. A maioria dos estudos que analisaram as funções cognitivas de mulheres grávidas ou no pós-parto não encontrou diferenças em relação a não grávidas e pessoas sem filhos, mas em alguns casos foi possível observar diminuição na memória, sendo esta mais inequívoca no terceiro trimestre.

Os experimentos em roedores são mais evidentes, e em geral demonstram uma leve perda de memória durante a gestação. Algumas pesquisas mostram, inclusive, que ratas grávidas fisicamente ativas pontuavam melhor em testes de memória do que as sedentárias. Uma das formas mais óbvias de aumentar a capacidade cognitiva de roedores de laboratório é o enriquecimento ambiental. Para isso, as gaiolas onde os animais vivem são preenchidas com objetos que aguçam a curiosidade e induzem a exploração e a atividade física, como canos, obstáculos e rodas. Curiosamente, para as ratas e camundongos fêmeas o nascimento dos filhotes tem um efeito semelhante ao enriquecimento ambiental: os déficits de memorização observados na gestação são rapidamente recuperados, e a cognição nos meses seguintes pode ficar ainda mais elevada do que era antes da gravidez!

Alguns especialistas sugerem que o mesmo possa ocorrer com seres humanos, já que a parentalidade aumenta a complexidade social, ambiental e sensorial, trazendo muitas novidades e um universo completamente novo a explorar. A quantidade de conhecimento que acumulei nas minhas gestações e nos primeiros meses de maternidade foi incrivelmente superior à que tive em meu doutorado, por exemplo. Além da necessidade de estudo sobre múltiplas questões do desenvolvimento maternoinfantil (incluindo tópicos que eu não conhecia, mesmo já sendo professora de embriologia), a imersão total em uma nova realidade, cheia de nuances e possibilidades, foi um estímulo e tanto para o cérebro!

De fato, evidências recentes em humanos dão suporte à hipótese de que a capacidade de adaptação e de atendimento às crescentes demandas do bebê pode aumentar as habilidades cognitivas da mãe a médio prazo. Os estudos que mostraram perdas nesse âmbito avaliaram as mães poucos meses depois do parto, mas, quando as análises foram realizadas em períodos acima de um ano após o nascimento dos filhos, uma melhora cognitiva foi observada, da mesma forma que acontece com as mães roedoras.[7]

Além dessa montanha-russa cognitiva, existe uma discrepância entre os grandes déficits na capacidade de memorização que são relatados pelas mulheres durante a gravidez e o pós-parto e o que de fato é observado nos estudos, que demonstram pouca ou até mesmo nenhuma redução de desempenho. A possível explicação para isso é que a perda de memória da gestação e do puerpério provavelmente não é um fenômeno concreto, mas sim o resultado do amontoado de mudanças, preocupações, demandas e novas funções que as mulheres precisam assumir, o que pode variar individualmente.

Eu costumo dizer, em tom de brincadeira, que tenho a impressão de minha memória ter ido embora junto com a placenta nos meus partos. A realidade é que não é difícil esquecer onde ficaram as chaves de casa quando a cabeça está ocupada pensando em listas de compras, marcações de consultas, gastos financeiros e possíveis explicações para sintomas repentinos, ou imersa em mil afazeres, inquietações e responsabilidades com uma criança. Porém, ao participar de uma pesquisa em um contexto de maior concentração e em um ambiente afastado desses estímulos, a tendência é que eles interfiram menos no desempenho final.

As emoções mudam

Chorar ao ver um comercial de margarina e em seguida ficar extremamente irritada por uma situação que seria banal. Esse é um cenário que os hormônios da gestação podem proporcionar, tornando algumas oscilações de humor mais comuns nessa fase. Mas o padrão hormonal elevado também tem uma importante função ao contribuir na introdução de comportamentos que serão úteis para os cuidados com o bebê, como a vigilância constante e o estabelecimento de uma conexão.

Em um experimento pouco usual para os dias atuais, os professores Joseph Terkel e Jay S. Rosenblatt colocaram ratinhos recém-nascidos juntos de ratas virgens. Elas então receberam uma transfusão de sangue vindo de fêmeas prenhas ou no pós-parto, e depois disso passaram a exibir os comportamentos típicos das recém-mães, como lamber os filhotes e trazê-los para perto.[8]

O estrogênio e a progesterona contribuem para a instauração do comportamento maternal, provavelmente por colaborarem no remodelamento cerebral. Além disso, a ocitocina, um hormônio com funções que vão do estímulo às contrações uterinas até a criação de vínculos amorosos, está associada a uma maior sensibilidade e resposta às necessidades dos bebês, tanto em humanos quanto em outros animais. Injeções intracerebrais de ocitocina também transformaram ratas virgens em boas cuidadoras de filhotes alheios. Já a administração de drogas que bloqueiam a ação da ocitocina inibe os comportamentos maternais das ratas com seus próprios filhotes. Neurônios liberadores de ocitocina se tornam mais próximos

As mudanças no corpo e na mente

uns dos outros ao fim do período gestacional e durante a amamentação nos roedores, facilitando as conexões.

Entender a relação entre os hormônios da gravidez e as mudanças de comportamento em humanos é mais complexo do que em outros animais, tanto por questões éticas no desenvolvimento de experimentos quanto pelo próprio comportamento materno, que, na sociedade humana, é influenciado por inúmeras variáveis. Não somos ratinhas de laboratório, e pode ser difícil definir qual seria o comportamento humano equivalente à atitude de lamber menos um filhote em resposta a determinado estímulo.

Mesmo com a maior parte das investigações nessa área sendo conduzidas em roedores, existem pesquisas em humanos que associam determinadas reações das mães ao aumento ou à diminuição de hormônios; nesse sentido, um dos mais estudados é a ocitocina. Os níveis dessa substância aumentam no último trimestre e no pós-parto e auxiliam a reduzir a resposta a agentes estressores e a aumentar a sincronia entre a mãe e a cria. A própria interação com o bebê estimula a liberação neuronal de ocitocina no cérebro materno.

Pesquisas com roedores mostraram que, após o parto, os neurônios liberadores de ocitocina fortalecem conexões com regiões do cérebro que comandam a liberação de dopamina, agindo como um grande sistema de recompensa e gerando sensação de prazer. Se cuidar de um bebê é cansativo e desgastante, o cérebro transforma essa experiência em algo que também é muito recompensador, o que estimula o cuidado materno. Nas ratas mães, a liberação de dopamina na via de recompensa vai sendo reduzida conforme os filhotes vão crescendo, ao mesmo tempo que os cuidados maternos diminuem: a mãe não precisa mais lamber os filhotes e tra-zê-los para perto o tempo inteiro. Se nesse período as ratas são tratadas com substâncias que estimulam os neurônios de dopamina, os comportamentos maternos voltam a ser mais intensos. Já os tratamentos que diminuem ou inibem a ati-vação da via de recompensa têm o efeito oposto, fazendo as roedoras pararem de cuidar dos filhotes e, em alguns casos, até mesmo os matarem.

Outra habilidade necessária para o cuidado maternal na natureza é a vigilância contra possíveis ameaças. A reati-vidade cerebral a situações potencialmente ameaçadoras é aumentada já ao fim da gestação. Pesquisadores observaram que o córtex pré-frontal, a região localizada na parte da frente do cérebro e que está envolvida no processamento das emoções e das interações sociais, é ativado em resposta a imagens de faces que simulam medo. Na gestação humana, essa ativação parece ser mais pronunciada no segundo tri-mestre, estando também relacionada a sentimentos de an-gústia e ansiedade. Para chegar a esses resultados, pesqui-sadores da África do Sul utilizaram um sistema que permite captar a ativação do córtex pré-frontal em sessões de reco-nhecimento de emoções a partir de imagens, das quais par-ticiparam gestantes e mulheres que não estavam grávidas.[9]

A ativação dessa região cerebral nas gestantes como res-posta às representações faciais de medo foi associada a um aumento nos níveis dos hormônios cortisol e testosterona e a pontuações mais altas em testes que mediam níveis de estresse e ansiedade. Além da gestação, o próprio cuidado constante com os filhos pode potencializar essas respostas. Diversas pesquisas demonstram que o tempo de materni-

As mudanças no corpo e na mente

dade, o número de filhos e até a quantidade de horas dedicadas ao cuidado das crianças modulam alterações estruturais e funcionais no cérebro.[10]

Mesmo com todas as transformações fisiológicas que a gestação induz, os comportamentos maternos não são exclusivos das mães biológicas. Há diversos exemplos no reino animal em que fêmeas adotam filhotes e exibem cuidado parental, inclusive com seres de outras espécies. Em humanos, o ato de se responsabilizar por um bebê de forma prolongada pode ativar as mesmas vias cerebrais que são induzidas pela gestação, fortalecendo os comportamentos conhecidos tipicamente como maternos.

Estar exposto a esse ambiente de parentalidade é um reforçador de conexões neuronais, o que também depende da intensidade do cuidado e do tempo dispendido, permitindo que pais, mães não biológicas e outros responsáveis formem laços genuínos de dedicação e afeto. Além disso, o desempenho dessa função na sociedade humana é extremamente influenciado por princípios socioculturais próprios de nossa organização, e não apenas por fatores biológicos. Estudos futuros irão explorar a adaptação e a transformação do cérebro de quem se dedica a cuidar de uma criança mesmo sem ter passado pelas alterações fisiológicas da gravidez.

A depressão perinatal

As alterações hormonais e as transformações que ocorrem no cérebro durante a gestação e o pós-parto deixam as mulheres mais propensas a sofrer de depressão. Atualmente o termo "depressão perinatal" tem sido mais utilizado para definir essa condição, que pode se iniciar ainda no período gestacional (depressão pré-natal) ou algumas semanas após o parto (depressão pós-parto). Entre os sintomas observados estão tristeza, ansiedade e um cansaço extremo, que pode dificultar a realização de tarefas diárias, incluindo cuidar de si e/ou do bebê. Cerca de 25% das mulheres podem sofrer de depressão perinatal, um transtorno que infelizmente ainda é muito negligenciado e aumenta o risco de morte materna e neonatal.

Estima-se que mais de 300 milhões de pessoas são afetadas pela depressão no mundo, e a incidência é maior, e crescente, em gestantes, idosos e até em crianças, o que pode estar relacionado a fatores genéticos, psicológicos e sociais. Quando cursei o mestrado em Neurociências e Comportamento na UFSC, trabalhei com pesquisa na área de neurotransmissão e colaborei em projetos que visavam compreender os mecanismos do transtorno depressivo e analisar o efeito de novos medicamentos em sintomas típicos, como perda de interesse e tristeza. Além de algumas técnicas bioquímicas, utilizávamos um modelo animal não humano no qual camundongos eram colocados para nadar em um cilindro com água. Os animais que utilizavam substâncias com ação antidepressiva permaneciam mais tempo nadando antes de pararem e serem resgatados pelos pesquisadores. Esse famoso teste foi amplamente utilizado por centros de pesquisa e indústrias farmacêuticas, mas felizmente há uma tendência nos últimos anos a substituí-lo por testes mais precisos e que não causem estresse às cobaias. A evolução da ciência tem permitido a criação de técnicas de estudo mais avançadas e produzido mais opções para o tratamento da depressão. Apesar disso, as alterações

As mudanças no corpo e na mente

celulares e moleculares que levam ao estado depressivo ainda não são totalmente compreendidas.

Estudos conduzidos em roedores mostram que a presença de estímulos estressores durante a gestação aumenta o risco de comportamentos relacionados à depressão e à ansiedade, levando a prejuízos no comportamento materno típico de cuidado. Até mesmo filhotes que sofrem traumas ou são negligenciados desde os primeiros dias de vida tornam-se mais propensos à depressão perinatal no futuro: a falta de cuidado maternal no início da vida aumenta a propensão de ratas a desenvolverem alterações no funcionamento dos neurônios liberadores de ocitocina a longo prazo. Pesquisas com seres humanos também concluíram que a falta de interação de qualidade durante a infância é um dos fatores de risco para depressão pré-natal e pós-parto, somada à falta de suporte social ou financeiro e a traumas diversos ocorridos durante a vida. As questões sociais se somam aos fatores biológicos, levando a alterações nos mecanismos finamente regulados de liberação de neurotransmissores como a ocitocina e a dopamina.

A queda brusca de hormônios ao fim da gestação colabora para o aparecimento de sintomas depressivos. Os níveis de estrogênio, por exemplo, aumentam mais de mil vezes antes do parto, e então caem vertiginosamente. Experimentos em animais não humanos com a administração de altas doses de estrogênio durante algumas semanas, seguida por sua retirada abrupta, geram sintomas semelhantes aos da depressão perinatal. Os baixos níveis de ocitocina também estão relacionados com maior risco para sintomas depressivos. Em ratas com depressão pós-parto, a injeção intracerebral de ocitocina reverteu os sintomas, mas infelizmente os estudos em humanos não são tão promissores: pesquisas avaliando o uso de ocitocina para tratamento de depressão chegaram a resultados contraditórios, e o tratamento com spray intranasal de ocitocina (utilizado em alguns casos para facilitar a descida do leite materno) não gerou redução de sintomas.

O tratamento padrão para a depressão perinatal normalmente inclui psicoterapia e medicamentos antidepressivos. Devido aos possíveis riscos pela exposição do feto durante a gestação ou do lactente durante o aleitamento, o arsenal de medicações indicadas é mais limitado do que para pessoas não gestantes e que não amamentam. Além disso, os antidepressivos levam algumas semanas para induzir efeitos positivos, podendo trazer risco para a saúde da mãe e do bebê durante esse período. Ainda, algumas mulheres não apresentarão melhora satisfatória com os tratamentos disponíveis, e por isso o desenvolvimento de novos medicamentos é de grande importância.

A primeira medicação específica para o tratamento da depressão perinatal foi aprovada nos Estados Unidos, em 2019. Mostrando uma ação rápida e duradoura, a brexanolona tem mecanismo diferente dos outros antidepressivos e atua por ser quimicamente semelhante à alopregnanolona, um derivado da progesterona que modula a neurotransmissão e promove efeitos ansiolíticos, antidepressivos e analgésicos. Infelizmente a administração da brexanolona não é simples e precisa ser feita por injeção intravenosa durante sessenta horas em ambiente hospitalar, o que é um grande limitante, assim como seu alto custo.

Em 2023 os Estados Unidos aprovaram a zuranolona, uma revolução no tratamento da depressão perinatal por ser a primeira pílula desenvolvida especificamente para esse transtorno, com ação similar à da brexanolona. A grande vantagem da zuranolona é sua alta eficácia, aliada à comodidade de tratamento por via oral durante apenas quinze dias, com resultados duradouros, e aos poucos efeitos colaterais. Porém, novamente o alto custo — estimado em cerca de 16 mil reais para as duas semanas de tratamento assim que a medicação foi lançada no mercado, em 2024 — restringe o uso.

Espera-se que nos próximos anos o acesso às novas terapias seja ampliado, assim como as pesquisas com esses medicamentos, que atualmente estão sendo avaliados para o tratamento de outras condições, como transtorno bipolar, insônia, doença de Parkinson e Alzheimer. Enquanto isso, a maior parte das gestantes e mães do mundo segue com opções limitadas de tratamento da depressão perinatal, e por isso é importante atentar para os sintomas iniciais.

A queda brusca de hormônios que surge após o parto, aliada à falta de sono regular e às novas demandas, deixa as gestantes propensas a sentirem tristeza, preocupação e exaustão, o que nem sempre significa depressão. Esse conjunto de sentimentos é conhecido como o *baby blues* (com o sentido de melancolia associada à chegada de um bebê) e pode acometer grande parte das puérperas, durando cerca de duas semanas. Se os sintomas se agravarem ou perdurarem, é necessário procurar ajuda especializada.

Para além das questões biológicas, os fatores sociais têm muita influência na saúde mental das mães. A falta de rede de apoio pode levar a um esgotamento físico e psicológico, e a comparação da vida real com o que era idealizado ou com o que é mostrado em revistas e nas mídias sociais pode agravar sentimentos de insuficiência e inadequação. Fora isso, a maternidade ainda traz um impacto muito grande na carreira e na vida pessoal. No Brasil, ser mãe é um dos fatores que mais tiram mulheres do mercado de trabalho, gerando uma espiral de preocupações com o futuro.

Como cientista que estava em um excelente momento de produtividade, o nascimento da minha primeira filha causou inúmeras transformações em minha vida pessoal e profissional, desde a primeira semana. Mesmo conhecendo de antemão as alterações hormonais que surgiriam após o parto, foi muito difícil senti-las na prática e ainda lidar com a privação de sono e com alguns diagnósticos de saúde complexos que minha filha recebeu. A impossibilidade de trabalhar horas extras devido às demandas com um bebê me levou a perder projetos de pesquisa e a questionar diversas vezes se a maternidade tinha sido uma decisão acertada. A culpa desses sentimentos tão comuns nunca é dos filhos, cujo cuidado depende dos adultos, mas sim do sistema social, que coloca a sobrecarga de cuidados nas mães, ao mesmo tempo que segue cobrando delas o mesmo nível de produtividade de antes.

Precisei de ajuda para cuidar da minha saúde mental, o que me permitiu seguir adiante. Os ensinamentos dessa experiência pesada tornaram minha segunda gestação um pouco mais leve e me mostraram a necessidade de ajudar outras mulheres que passam por situações semelhantes no ambiente acadêmico. Um tempo depois, fui convidada pela professora doutora Fernanda Stanisçuaski a integrar o movimento Parent in Science, um grupo que discute e pesquisa os impactos da maternidade na carreira das cientistas brasileiras, com o qual já conseguimos alcançar diversas conquistas que amparam mães nessa área de atuação.[11]

Buscar o apoio de outras pessoas nos ajuda a enfrentar as angústias naturais da maternidade, mas, dentro do que é possível fazer de forma individual, diminuir as cobranças internas é uma boa escolha: gerar, parir e cuidar de um bebê é um feito extraordinário e cheio de nuances complexas, que, como vimos, envolve até mudanças anatômicas e fisiológicas. Passar por tantas transformações e ainda doar tempo e cuidados para viabilizar o desenvolvimento de um novo ser humano deve ser motivo de orgulho e também de aceitação. Mesmo sem o merecido reconhecimento, a maternidade é a principal base de sustentação da sociedade, permitindo que a civilização humana possa continuar.

Gravidez não é doença?

Tantas modificações na fisiologia materna tornam as gestantes uma população única em termos médicos e fisiológicos. Como forma de justificar e normalizar todas as mudanças e os inúmeros sintomas que podem ser causados pela gestação, a frase "Gravidez não é doença" é constantemente repetida. No entanto, se considerarmos que doença se refere a alterações da estrutura ou das funções normais de um organismo, associadas à presença de certos sinais e sintomas, então a gravidez poderia ser encarada como uma doença. Isso é passível de contestações, mas o próprio conceito de doença é difícil de ser estabelecido — assim como a definição de saúde. Alguém que relate a presença de sintomas gastrointestinais, respiratórios e urinários constantes, associados a alterações psicológicas e em diversos exames, além do crescimento abdominal tão intenso que comprime seus órgãos, é conduzido a uma investigação para diagnosticar a causa de tamanha desregulação dos padrões normais de funcionamento do organismo, mas o diagnóstico de gravidez faz todas as queixas e alterações serem creditadas como fatos e sintomas normais e saudáveis.

Existem riscos inerentes à gestação e ao parto, e o atendimento às gestantes baseado em evidências científicas é capaz de reduzir esses riscos. A razão de mortalidade materna, definida como o número de mortes por causas ligadas à gravidez ou ao parto a cada 100 mil nascidos vivos em um determinado período, é calculada nos territórios e utilizada como um indicador de assistência médica. Mundialmente o número varia hoje de duas mortes maternas a cada 100 mil nascidos vivos, na Noruega, para mais de 1200 mortes a cada 100 mil, na República do Sudão do Sul. No Brasil, esse índice era de 55,3 em 2019, dobrou em 2021, devido ao acentuado número de óbitos maternos causados pela covid-19, e retornou para 54,5 em 2022.[12] As sociedades ainda precisam reduzir as desigualdades no acesso à saúde e ampliar a proteção maternoinfantil, já que 95% das mortes maternas continuam se concentrando em países de média e baixa renda e a maioria delas tem causas evitáveis. Como parte dos Objetivos do Desenvolvimento Sustentável da OMS, há uma meta de até 2030 reduzir a mortalidade materna global para setenta casos por 100 mil nascidos vivos. O Brasil adaptou essa meta para no máximo trinta mortes por 100 mil nascidos vivos.[13] Entre as principais causas evitáveis de morte materna estão a hiperten-

As mudanças no corpo e na mente 189

são, as hemorragias e infecções após o parto e as complicações de abortamentos inseguros.

Em um artigo publicado em 2024,[14] dois pesquisadores europeus sugerem que a gravidez poderia ser considerada uma doença, e traçam um paralelo entre as taxas de mortalidade materna e de infecção por sarampo: o risco de uma mulher morrer por uma causa relacionada à gestação em países de alta renda é muito superior ao de óbito por sarampo (em ambos os sexos), mesmo em países com programas de vacinação. O fato de a mortalidade materna ser ainda maior em locais onde os direitos e a independência das mulheres recebem menos proteção social e jurídica seria um dos fatores que justificariam algum benefício na visão da gravidez como uma patologia. Ao encará-la assim, a necessidade de garantir o acesso a serviços de saúde de qualidade fica ainda mais evidente. Surgiram muitas críticas a essa perspectiva, como a preocupação com uma medicalização excessiva, algo que os próprios autores do artigo reconhecem. Mas, se por um lado o uso de medicamentos além do necessário é indesejável, por outro há a realidade de que em muitas situações as dores e os sintomas debilitantes trazidos pela gestação são minimizados por profissionais e sistemas de saúde.

A gravidez segue sendo encarada em grande medida com romantismo, como um necessário motivo para comemoração ou até como uma etapa compulsória da vida. Embora isso possa ser verdadeiro para algumas mulheres, para outras não é. No Brasil, mais da metade das gestações não são planejadas,[15] e alguns especialistas defendem que naturalizar a expressão "Gravidez não é doença" colabora para que campanhas de incentivo ao uso de métodos contraceptivos e de planejamento familiar não recebam a devida atenção.

Além disso, o entendimento da gestação como algo sempre inofensivo ao organismo materno pode justificar algumas práticas e condutas inadequadas, tanto para a saúde da mulher quanto para seus direitos no mercado de trabalho. Mesmo sem categorizarmos a gestação dentro de um conceito de adoecimento, as queixas e mudanças típicas desse período que são relatadas pelas mulheres devem sempre ser levadas em consideração.

O mito do instinto materno

As mudanças trazidas pela gestação visando tornar as fêmeas mais aptas ao cuidado parental podem passar a ideia de que criar um filhote é sempre instintivo. Um instinto é um comportamento inato e automático que ocorre em determinada etapa do desenvolvimento, mesmo sem treinamento prévio, e que está presente em todos os indivíduos da mesma espécie. Em fêmeas com filhotes, seria um impulso natural para garantir a sobrevivência da prole. Mas se ratas lambem as crias e fazem pequenos ninhos para confortá-las, ou se leoas instintivamente comem a placenta logo após o parto, o mesmo não se aplica a humanas.

A reprodução e o cuidado parental em nossa espécie seguem preceitos diferentes dos de outros animais. Muitos mamíferos acasalam de forma sazonal, utilizando rituais que variam de atraentes jatos de urina sobre as fêmeas a brigas entre os machos para a escolha do mais forte, com o único intuito de perpetuar a espécie. Entre os humanos, os fatores socioculturais são dominantes e a gravidez pode ser uma escolha (embora em muitas sociedades e situações ela ainda seja uma imposição).

Lineu, um dos pesquisadores que mais influenciaram a biologia, criando a classificação dos seres vivos em gênero e espécie, no século XVIII, proferia que os seios das mulheres ditavam o destino delas entre os humanos: da mesma forma que outras fêmeas mamíferas amamentavam e cuidavam de seus filhotes, às fêmeas humanas caberia a criação dos filhos, restrita à vida privada, enquanto os homens poderiam desfrutar da vida pública. Charles Darwin, nascido um século depois de Lineu, acreditava que os traços maternais instintivos das mulheres as tornavam mais ternas e altruístas do que os homens e, assim, mais aptas que seus parceiros competitivos, ambiciosos e egoístas a criar os filhos. Essas habilidades inatas, segundo Darwin, também tornavam os homens mais inteligentes.

Somente décadas após as mulheres conseguirem acessar a educação formal e o mercado de trabalho é que o debate sobre esse suposto papel inato de cuidado maternal começou a tomar forma. Se todas as mulheres tivessem uma capacidade inerente de cuidado, compreender as necessidades de um bebê seria uma função realizada com notável superioridade pelo sexo feminino, mas não é isso que os estudos demonstram. Quando pesquisadores avaliaram a capacidade de pais e mães para reconhecer o choro do próprio bebê, o desempenho materno só foi superior ao paterno nos casais em que a mãe investia mais tempo cuidando da prole. Quando esse tempo era similar (acima de quatro horas por dia), homens e mulheres tiveram o mesmo grau de sucesso ao identificar o choro do próprio filho em meio ao de outros bebês.[16]

Pesquisas posteriores confirmaram que essa habilidade é igual para homens e mulheres, e depende apenas da exposição prévia aos sons do bebê. Isso é verdade até quando não se trata do próprio filho: homens e mulheres podem chegar ao mesmo número de acertos caso tenham passado por sessões de treinamento para reconhecer o choro de um bebê específico. Dado que as habilidades de cuidado parental não são inatas em humanos, qualquer pessoa pode aprender a desempenhá-lo, necessitando só de tempo de conexão e cuidado com o bebê.

No sistema de reprodução cooperativa, praticado por cerca de 3% dos mamíferos e 8% das aves, diversos membros do grupo social podem ajudar a mãe ou o pai a criar os filhotes. Acredita-se que esse sistema foi fundamental para garantir a sobrevivência infantil dos seres humanos há milhares de anos. Assim, considerando que a competência para o cuidado com os bebês não é uma aptidão que vem impressa no DNA feminino, mas sim uma habilidade que pode ser desenvolvida por mães e pais, adotivos ou biológicos, ou outros cuidadores, qualquer adulto que tenha condições de aprender, na teoria e na prática, todas as múltiplas nuances do cuidado infantil que são demandadas pela sociedade atual e que doe seu tempo para cuidar de um bebê ou uma criança receberá experiência, conexão e novas habilidades em troca.

7. O pré-natal

UM ENGENHEIRO E DOIS obstetras formaram um time que no final dos anos 1950 revolucionou o diagnóstico médico com a criação da ultrassonografia, exame de imagem que compõe a base do pré-natal obstétrico atual. Ian Donald, médico inglês e professor de obstetrícia e ginecologia na Universidade de Glasgow, havia conhecido aparelhos sonares que utilizavam ultrassom para detectar falhas em peças metálicas de pressão durante sua atuação no serviço militar. Ele imaginou que o ultrassom poderia ser usado para visualizar estruturas internas do corpo, e iniciou uma colaboração com Tom Brown, engenheiro escocês que trabalhava na empresa fabricante de instrumentos científicos Kelvin Hughes. Na tentativa de criar um protótipo que possibilitasse o uso clínico, Brown contratou um designer industrial, Dugald Cameron, para aprimorar o desenho e a ergonomia das peças que emitiam pulsos de ultrassom. Em 1956 surgiu o primeiro equipamento de ultrassom destinado ao uso médico, que foi patenteado e testado em milhares de pacientes.

Donald e Brown, juntamente com o médico obstetra John MacVicar, publicaram em junho de 1958 um artigo no *The Lancet* discorrendo sobre os usos do ultrassom na investigação de massas abdominais.[1] O estudo é um compilado de casos obtidos em cem pacientes, a maioria gestantes ou com alterações ginecológicas, devido à área de atuação dos médicos. O objetivo deles naquele momento não era compreender o desenvolvimento gestacional, mas sim entender como as ondas ultrassônicas poderiam ser usadas para o diagnóstico e acompanhamento de diferentes situações de saúde. Segundo os autores, "o útero gravídico oferece um escopo considerável para esse tipo de trabalho porque é uma cavidade cística que contém um feto sólido". As imagens de lesões ou de achados da gravidez contrastam com outras, de regiões do abdômen obtidas da barriga dos próprios autores.

A frase "Ainda não temos certeza da identificação das camadas da parede abdominal mostradas aqui" demonstra o grau de novidade que o ultrassom representava para a medicina. Eles não sabiam, mas esse artigo seria a base para o desenvolvimento de grande parte da medicina diagnóstica por imagem, em especial na área da obstetrícia, na qual o ultrassom é rotineiramente utilizado. Na década de 1970 surgiram artigos demonstrando os benefícios de realizar um ultrassom de rotina durante a gestação. Com algumas medidas do feto, como o diâmetro entre os ossos laterais (parietais) do crânio, era possível estimar a idade gestacional de modo mais acurado que a data da última menstruação (muitas vezes não disponível), e, assim, evitar uma indução prematura do parto. Por volta dos anos 1970 os hospitais britânicos e de outros países começaram a utilizar o ultrassom de forma mais rotineira no diagnóstico médico, e ao fim do século xx ele estava presente no pré-natal de grande parte dos países do mundo.

Entendendo a ultrassonografia

Quando iniciei meu pós-doutorado no Laboratório de Ultrassom do Programa de Engenharia Biomédica da UFRJ, precisei estudar conteúdos com os quais nunca tivera contato anteriormente. Eu havia acabado de terminar o doutorado em Ciências Morfológicas, área do conhecimento que integra disciplinas como anatomia, embriologia e a biologia celular e tecidual, e passei então a mergulhar em conceitos da física e da engenharia para compreender as bases do ultrassom. Na minha equipe de pesquisa havia físicos, engenheiros e médicos. Grupos interdisciplinares permitem que pesquisadores de diferentes campos do conhecimento integrem suas especialidades para resolver problemas que requerem abordagens amplas, como é o caso do emprego de tecnologias na saúde. O objetivo do nosso grupo era caracterizar as imagens formadas por uma nova metodologia de ultrassonografia, capaz de visualizar camadas de células em alguns tipos de tecidos biológicos, e, com isso, detectar finas alterações, como tumores invadindo regiões adjacentes. A partir disso, seria possível associar outros recursos e visualizar nas imagens de ultrassom até mesmo proteínas específicas cuja concentração estivesse aumentada ou diminuída em algumas lesões, auxiliando na escolha do tratamento a ser feito.

O ultrassom é uma onda sonora que pode ser empregada para diversos fins e cuja frequência, medida em hertz, não é audível para o ser humano. Na área médica essas ondas são utilizadas no diagnóstico por imagem, já que podem ser absorvidas ou refletidas em diferentes intensidades, dependendo da constituição do tecido biológico analisado. O transdutor (a peça que entra em contato com nosso corpo na hora do exame) envia os pulsos de ultrassom, e, conforme as características dos tecidos, as ondas serão mais ou menos refletidas, retornando como ecos.

Essas vibrações são então transformadas em sinais elétricos, que geram pixels utilizados para construir a imagem. Quanto maior for a intensidade do eco que retorna de um tecido, mais intensa será a cor do ponto na imagem formada, e, por isso, o que vemos no exame de ultrassom são graduações de cor que vão do preto ao branco. Quando a onda ultrassônica incide em um osso, por exemplo, retornará com um eco muito forte, gerando pontos muito brancos. Já quando detecta o sangue, o eco retornado é fraco, e o que aparece na tela são pixels escuros.

Os ecos intermediários aparecerão em graduações de cinza, e assim os detalhes da imagem são formados, possibilitando a visualização das estruturas internas e de seus contornos. Todo esse processamento da imagem acontece em tempo real, à medida que o profissional da saúde passa o transdutor sobre a superfície do corpo da pessoa sendo examinada. As ondas ultrassônicas são mais bem propagadas para os tecidos do corpo se elas incidirem em um meio líquido, e é por isso que se utiliza um gel entre o transdutor e a pele do paciente.

Os transdutores de ultrassom têm diferentes frequências, que são empregadas para distintas finalidades. Quanto maior a frequência, menor será o comprimento da onda ultrassônica gerada e menor também a penetração nos tecidos, mas a imagem terá uma resolução maior. Em nossas pesquisas para detectar as diferentes camadas de células das paredes dos órgãos, por exemplo, a frequência empregada era muito

O pré-natal

alta — cerca de quarenta megahertz, o que permitia observar a extensão e a profundidade de uma lesão em uma mucosa. Porém, como a alta frequência tem baixa penetração, não era possível utilizar o transdutor por fora do corpo, e por isso a abordagem inicial foi usá-lo para detectar lesões no intestino, sendo associado a um equipamento de colonoscopia, que é introduzido no cólon. Para as ultrassonografias obstétricas, nas quais a onda ultrassônica precisa atravessar várias camadas de tecidos biológicos da mãe até atingir o embrião ou o feto, a frequência empregada é menor — cerca de dois a oito megahertz. Mesmo com essa redução, a imagem formada ainda tem definição suficiente para se visualizarem as estruturas de interesse, como os órgãos do feto e a placenta.

O ultrassom é seguro e pode ser utilizado diversas vezes para o acompanhamento de uma mesma área do corpo ao longo do tempo, como é o caso da gestação. É como se periodicamente abríssemos uma janela na barriga, pela qual se observa o desenvolvimento embrionário e fetal. Em geral, preconiza-se a realização de no mínimo três ultrassonografias, uma em cada trimestre, e com esses exames é possível avaliar: a viabilidade do embrião, a idade gestacional, o tamanho do bebê, a presença e os detalhes de diversas estruturas, o crescimento, o funcionamento do coração, os anexos embrionários (como a placenta), a quantidade de líquido amniótico, os batimentos cardíacos e o fluxo de sangue na circulação materna, fetal e placentária.

Para esses últimos é utilizado o ultrassom com doppler, que se baseia na mudança de frequência da onda ultrassônica devido ao movimento das estruturas internas. Ou seja: o pulso de ultrassom é emitido pelo transdutor e chega ao interior de uma artéria ou veia, que contém hemácias em movimento. As ondas refletidas terão a frequência aumentada se o fluxo sanguíneo estiver se aproximando do transdutor, e serão diminuídas se o fluxo for no sentido contrário. Esse é o mesmo fenômeno que ocorre quando uma ambulância passa ao nosso lado e o som da sirene vai se modificando à medida que o veículo se desloca: o comprimento da onda sonora emitida vai ficando maior com o afastamento da ambulância, diminuindo a frequência e resultando em um som mais grave. As ondas ultrassônicas refletidas pelas hemácias podem ser convertidas em cores, de forma sobreposta à imagem dos vasos. Assim, além de o doppler ser capaz de avaliar a velocidade do fluxo sanguíneo, o equipamento atribui a cor vermelha caso a movimentação do sangue esteja a favor do transdutor, e azul quando ele se desloca na direção contrária. O desvio de frequência entre a onda emitida e a refletida está dentro do espectro sonoro audível pelo ouvido humano, e por isso também é possível ouvir a representação sonora do fluxo durante o exame.

As novas tecnologias

Com o aprimoramento das técnicas de ultrassom, os equipamentos passaram de grandes caixas sem mobilidade, que representavam um desafio até mesmo para escanear gestantes, a máquinas extremamente portáteis, com diferentes tipos de transdutores móveis e imagens que lembram fotos. As ultrassonografias convencionais resultam em imagens bidimensionais em tons de cinza mostrando o tamanho e os

O pré-natal 199

detalhes da maioria das estruturas, mas não oferecem informações de volume. Na década de 1980 o professor Kazunori Baba, engenheiro e obstetra da Universidade de Tóquio, no Japão, desenvolveu o primeiro aparelho de ultrassom médico com sistema 3D, que começou a ser comercializado um pouco antes de 1990. Esse tipo de equipamento funciona como um ultrassom convencional, com a diferença de que as imagens bidimensionais captadas são processadas para construir uma imagem em 3D. Se estivesse analisando um pão de forma, por exemplo, a ultrassonografia em 2D captaria imagens de algumas fatias, que apareceriam de forma bidimensional na tela. Com o processamento 3D, várias dessas fatias são agrupadas, o que permite construir a imagem do pão inteiro, até mesmo medindo seu volume total.

A construção dos sistemas de ultrassonografia tridimensional só foi possível graças a muitos estudos prévios, especialmente de cientistas da computação e de designers gráficos, que possibilitaram a aplicação dessas técnicas em muitas áreas da engenharia e saúde. Programadores e designers dos estúdios Pixar, por exemplo, famoso por seus filmes produzidos em computação gráfica, tiveram grande contribuição ao elaborar os algoritmos e tecnologias necessários para a confecção de imagens 3D. Nos primeiros equipamentos de ultrassom tridimensional, o processamento das imagens de cada parte do feto demorava cerca de dez minutos, o que dificultava seu emprego clínico. Com muitos aprimoramentos, os sistemas se tornaram mais ágeis e puderam ser difundidos em diversos países, sendo muito comuns nos dias atuais.

A reconstrução tridimensional das imagens traz muitas vantagens, como a obtenção do correto volume de estruturas, que pode ser usado, por exemplo, para diagnosticar ou acompanhar o desenvolvimento de uma patologia. Em nosso equipamento de ultrassom de alta frequência associado a colonoscopia para fazer análises de cólon, a introdução de um sistema 3D permitiu calcular o volume de lesões tumorais antes e depois de diferentes tratamentos. Nas ultrassonografias fetais, as imagens 3D podem melhorar a visualização de malformações faciais, como a fenda labial, e de alterações em órgãos como o cérebro e o coração, além de possibilitar o cálculo volumétrico de lesões, como cistos. Outro ganho dessa tecnologia é permitir a observação do rosto do feto, um momento emocionante e muitas vezes bastante aguardado da gestação. Com a popularização da ultrassonografia 3D após os anos 2000, algumas clínicas passaram a oferecer esse exame somente para a observação do rosto do feto, sem finalidade diagnóstica. Em países como os Estados Unidos, surgiram até serviços especializados nos quais os exames eram feitos por técnicos sem formação adequada, o que levou a alertas de agências reguladoras e de instituições médicas e científicas da área obstétrica.[2]

Apesar de serem consideradas seguras, as ultrassonografias devem ser realizadas apenas quando há necessidade de diagnóstico ou acompanhamento médico, sempre dentro dos parâmetros estudados e com equipamentos regularizados. As ondas ultrassônicas podem causar um leve aumento de temperatura nos tecidos biológicos ou induzir a formação de pequenas bolhas de ar, o chamado efeito de cavitação. Embora esses fatores não causem problemas dentro da rotina de exames realizados normalmente durante a gestação, não há estudos sobre possíveis efeitos adversos em exames prolongados, muito frequentes ou com manipulação inadequada.

O pré-natal

Não há qualquer problema em registrar uma recordação do feto em 3D, mas o alerta é para que esses exames sejam feitos por profissionais qualificados e durante as rotinas já solicitadas no pré-natal. Além disso, não se recomenda o uso rotineiro pela própria gestante de monitores de ultrassom com doppler para avaliação de batimentos cardíacos fetais. Esses aparelhos são atualmente comercializados a baixo custo e às vezes até aparecem em listas de enxoval, mas não há necessidade de usá-los sem uma recomendação específica.

As novas tecnologias permitem que os exames necessários sejam associados a itens que satisfaçam a curiosidade e a expectativa de gestantes e familiares. Alguns serviços aliam a geração de imagens em 3D à impressão tridimensional, proporcionando que pessoas com deficiência visual percebam como o feto está se desenvolvendo. A ultrassonografia 4D adiciona a dimensão do movimento às imagens, permitindo a produção de um pequeno vídeo com a movimentação fetal. Com um pouquinho de sorte, é possível observar o feto bocejando, mostrando a língua, piscando ou chupando o dedo. Atualmente já existem aparelhos de ultrassom equipados com softwares de processamento em 5D ou HD, que agregam efeitos de profundidade, luz, sombra e coloração da pele, gerando imagens mais nítidas e muito semelhantes a fotos.

As ultrassonografias no primeiro trimestre

Nas primeiras semanas do período embrionário, o embrião em si não é muito visível, e o que aparece no exame são as estruturas que o circundam. O objetivo da ultrassonografia nessa etapa é confirmar a gestação, avaliar tamanho e forma do saco gestacional, verificar se realmente há um embrião dentro dele (ou mais de um), determinar a idade gestacional, conferir se os batimentos cardíacos estão presentes e avaliar detalhes da anatomia do útero. Quando o embrião já é observável pelo ultrassom, é realizada uma medição que vai do topo da cabeça até a parte inferior das nádegas, chamada de CCN (comprimento cabeça-nádegas), também escrita como CRL (do inglês *crown-rump length*). Como os embriões nessa fase possuem pouca variação individual de tamanho, com o CCN é possível estimar a idade gestacional.

No fim do trimestre inicial da gestação geralmente é realizada a primeira ultrassonografia morfológica, que recebe esse nome pois durante o exame são analisadas e medidas diversas estruturas relacionadas à morfologia do feto, como órgãos e membros. Nesse período são também avaliados parâmetros cuja alteração está associada a um maior risco de cromossomopatias (número de cromossomos diferente do padrão) e outras anormalidades no desenvolvimento fetal. Um desses parâmetros é a transluscência nucal (TN), a medida da quantidade de líquido existente na área da nuca, que é visível ao ultrassom da 11ª até a 14ª semana de idade gestacional.

Uma TN aumentada significa que por alguma razão o feto não está conseguindo drenar adequadamente os fluidos, que se acumulam nessa região. Entre as condições associadas à TN maior que o normal estão principalmente as cromossomopatias, mas também disfunções cardíacas, doenças vasculares e diversas síndromes genéticas. Porém, nem sempre um valor aumentado na TN significa que há alterações fetais. Por exemplo, em uma análise com 1941 fetos, 54 deles tinham aumento

O pré-natal

na medida da TN, mas só 59% destes apresentaram algum diagnóstico, sendo o mais comum as cromossomopatias.[3]

Entre essas alterações cromossômicas, as mais comuns são a trissomia do 21 (síndrome de Down), a síndrome de Turner (ausência de um cromossomo x em meninas) e as trissomias dos cromossomos 18 (síndrome de Edwards) e 13 (síndrome de Patau). O quanto a TN está aumentada também é importante. Quando os valores são estratificados em faixas, consegue-se perceber melhor a magnitude do risco. Observações dos estudos na área indicam que 80% a 90% dos bebês com TN levemente aumentada nascem sem alterações morfológicas, genéticas ou cromossômicas. Já entre os que tiveram a TN bastante alta, 80% a 90% devem apresentar algum diagnóstico.

Outro parâmetro que pode ser avaliado na morfológica do primeiro trimestre é o osso nasal, cuja calcificação ocorre por volta da 11ª semana. A ausência da visualização desse osso abaixo da pele do nariz está associada a um maior risco de alterações fetais, principalmente a trissomia do 21. Também se analisa nesse exame o fluxo sanguíneo no ducto venoso e na valva tricúspide, através da ultrassonografia com doppler. O ducto venoso é um vaso presente apenas no período embrionário e fetal, e é o responsável por levar o sangue rico em oxigênio da veia umbilical para a veia cava inferior, chegando ao cérebro. O sangue passa por esse ducto com um fluxo bem típico, e a detecção de um fluxo anormal está associada à maior chance de cromossomopatias e malformações no coração. Da mesma maneira, um padrão alterado de funcionamento na valva tricúspide, estrutura que impede o refluxo de sangue nas câmaras do coração, indica maior risco para anomalias no número de cromossomos ou problemas cardíacos fetais.

Após a avaliação dos parâmetros já apresentados, é realizado um cálculo que estima o risco (baixo, médio ou alto) de o feto ter alterações no número de cromossomos. Caso os pais desejem aprofundar a investigação, outros exames podem ser realizados, como o NIPT, discutido no capítulo 5, ou a avaliação das células fetais e do líquido amniótico a partir da amniocentese. A ultrassonografia do primeiro trimestre também analisa outros parâmetros que podem indicar malformações, como alterações no esqueleto, no tubo neural, no sistema digestório e urinário e nos membros, dentre outras. Mas nem tudo é tensão ou busca por indicadores que estejam fora do desenvolvimento típico. Essa também é a oportunidade de visualizar a forma do rosto e do corpo do bebê, ver detalhes sobre o desenvolvimento e, talvez, visualizar o sexo fetal.

A ultrassonografia morfológica do segundo trimestre

Outro exame muito importante e esperado no pré-natal é a ultrassonografia morfológica que é realizada no segundo trimestre, entre a vigésima e a 24ª semana de gestação. Aqui novamente há uma verificação detalhada do feto, analisando a presença, o tamanho, o formato e, em alguns casos, o funcionamento de diversas estruturas. Em muitos locais, o ultrassom de segundo trimestre era o único a ser oferecido no pré-natal até poucas décadas atrás, e visava corrigir a idade gestacional, confirmar se havia mais de um feto, descobrir a posição da placenta e detectar possíveis anormalidades no desenvolvimento. Para isso, uma análise detalhada da morfologia fetal era executada. Essa avaliação continua a existir, com algumas melhorias. Uma das medições adotadas há mais tempo é a da distância entre as regiões parietais (laterais) do crânio, o diâmetro biparietal (DBP).

Outras medidas do feto verificadas na ultrassonografia morfológica do segundo trimestre são: a circunferência da cabeça, chamada de circunferência cefálica (CC) ou perímetro cefálico; a distância entre as regiões occipital (traseira) e frontal do crânio, chamada de diâmetro occipito-frontal (DOF); a circunferência abdominal (CA): também chamada de perímetro abdominal; o comprimento do fêmur (F), o osso da coxa; e o comprimento do úmero (U), o osso do braço. Como nessa fase o cérebro já está mais desenvolvido, várias estruturas cerebrais também são analisadas e medidas. Da mesma forma, as regiões da face são examinadas minuciosamente, e é possível notar detalhes dos ossos, das órbitas,

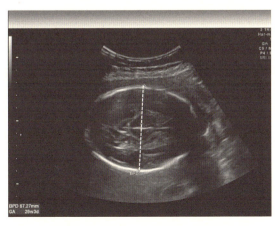

Medição do diâmetro biparietal (DBP).

dos lábios e do nariz. Para completar, a movimentação fetal é avaliada, assim como os batimentos cardíacos.

O coração, aliás, é o órgão que demanda mais tempo de análise, com atenção para suas várias regiões anatômicas e os movimentos que realiza, considerando-se que as cardiopatias são as malformações mais comuns nos fetos humanos. Grande parte do conhecimento atual sobre a estrutura do coração fetal vista nas ultrassonografias e as suas várias alterações congênitas veio do trabalho da professora Lindsey Allan, cardiologista fetal do King's College de Londres que publicou cerca de vinte trabalhos, o primeiro deles em 1980, detalhando todas as particularidades dos exames cardiológicos realizados no período fetal. Devido às tantas especificidades desse órgão, alguns profissionais recomendam a realização de um exame específico para a análise do coração, a ecocardiografia fetal. O diagnóstico precoce das cardiopatias é muito importante, pois permite avaliar com antecedência as melhores opções de tratamento. Existem casos em que o bebê somente precisará ser acompanhado até certa idade, noutros usará medicamentos específicos a partir do nascimento, ou então precisará de uma cirurgia corretiva. Há também situações em que é necessário fazer uma intervenção ainda durante a gravidez para permitir o desenvolvimento completo do bebê.

Nas ultrassonografias morfológicas também são avaliados parâmetros relacionados aos anexos embrionários, como a localização e o aspecto da placenta, o cordão umbilical, sua inserção e a presença de suas duas artérias. Outra medida que pode constar no laudo é o índice de líquido amniótico (ILA),

O pré-natal

um critério importante para avaliar a fisiologia do feto e da placenta. Um grande aumento ou diminuição no ila pode, em alguns casos, sugerir alterações na circulação sanguínea na placenta, malformações fetais, diabetes gestacional ou ruptura da bolsa amniótica. Para o cálculo desse índice são realizadas algumas medições entre o feto e a parede do útero; a quantidade normal de líquido é descrita como normodramnia, valores aumentados são chamados depolidramnia e valores diminuídos, de oligoidramnia.

Outros exames no pré-natal

Até próximo dos anos 1900, poucas gestantes tinham contato com algum profissional de saúde durante a gravidez, mesmo em países de alta renda. Os cuidados eram passados de geração a geração e através de livros, e iam desde conselhos para manter a regularidade do intestino até a popular prática da sangria — a retirada de parte do sangue do corpo, que supostamente tratava diversos tipos de enfermidades. Essa prática milenar remonta às teorias de Hipócrates e Galeno, segundo as quais os quatro elementos — ar, água, fogo e terra — permitiam a existência da vida e estavam relacionados aos humores, aos temperamentos e a órgãos específicos. Assim, as doenças resultariam do desequilíbrio entre os humores e precisavam ser tratadas de modo a equilibrá-los. O sangue era considerado um humor e, portanto, retirar sangue supostamente balanceava o organismo e serviria para tratar convulsões, febre, alterações mentais e menstruais, além de doenças como pneumonias, asma, câncer e muitas outras. Gestantes com muito inchaço ou amarelão também eram aconselhadas a passar por sangrias para aliviar seus sintomas, no século XVIII e no início do século XIX, como mostram relatos de um médico estadunidense, publicados em 1883, sobre casos de gestantes convulsionando (uma manifestação da eclâmpsia) que foram tratadas por ele nas décadas anteriores com sangrias recorrentes.[4]

Um século depois, o avanço da ciência diagnóstica, incluindo o desenvolvimento de métodos para estudar os componentes do sangue, permitiu grande aprimoramento na assistência pré-natal. A invenção e o aperfeiçoamento do esfigmomanômetro, o aparelho que mede a pressão arterial, entre os anos de 1890 e 1900, puderam estabelecer a hipertensão na gravidez como um marcador precoce da eclâmpsia. Assim, o acompanhamento de gestantes em avaliações e exames periódicos passou a ser recomendado ao longo do século XX como forma de reduzir a mortalidade maternoinfantil.

Atualmente exames de sangue são comuns durante a gestação, pois, além de oferecerem uma triagem rápida para diversas alterações fetais, fornecem informações valiosas sobre a saúde da gestante. A possibilidade de acompanhar os níveis de glicose e de verificar deficiências nutricionais e infecções que podem comprometer a saúde do feto transformou o acompanhamento pré-natal das últimas décadas. O avanço na pesquisa e nas técnicas de análises genéticas promete transformar o pré-natal no futuro, melhorando o diagnóstico de doenças maternas e fetais, e abrindo portas para intervenções precoces e tratamentos mais eficazes.

O pré-natal 209

Atualmente a grande precisão de imagem alcançada pelas novas tecnologias ultrassonográficas já é capaz de complementar e, em alguns casos, até mesmo substituir exames antes solicitados para avaliar malformações. Um exemplo é a dosagem de alfa-feto-proteína (AFP), que é produzida pelo fígado fetal e se difunde para o líquido amniótico e para o sangue materno, após atravessar a placenta. A AFP também se concentra no líquido cefalorraquidiano que circula no cérebro e na medula espinhal; no caso dos já comentados DFTN, os defeitos no fechamento do tubo neural, como anencefalia e espinha bífida, a quantidade de AFP que extravasa do feto e chega até o sangue materno é mais elevada.

Nos anos 1970, a dosagem de AFP no sangue materno era usada em alguns países como uma triagem para DFTN, mas atualmente os exames de ultrassom conseguem diagnosticar os casos de anencefalia e espinha bífida. Mesmo assim, um exame de AFP pode ser solicitado na gravidez em algumas circunstâncias, como um complemento em casos de suspeita de DFTN ou de alterações cromossômicas. Com a ciência e a medicina evoluindo em diversas áreas, a precisão diagnóstica se alia ao tratamento de determinadas condições fetais ainda durante o pré-natal. É o caso, por exemplo, da correção cirúrgica de alguns casos de espinha bífida, conforme mencionado no capítulo 5.

Nutrição pré-natal

Para o desenvolvimento do embrião e do feto é necessário um grande aporte de macronutrientes (carboidratos, proteínas e lipídeos) e micronutrientes (vitaminas e minerais) vindos da mãe. A taxa de metabolismo da mãe fica maior, assim como as necessidades energéticas. É preciso energia extra para sustentar o aumento do útero e o desenvolvimento da placenta e do feto, principalmente no segundo e terceiro trimestres, quando há maior crescimento. A mãe também acumula um pouco de gordura, o que será importante durante a amamentação, quando haverá um incremento na demanda de energia para a produção de leite.

A desnutrição materna severa pode comprometer o desenvolvimento fetal, aumentando o risco de baixo peso ao nascer e de perda gestacional, além de agravar outras condições de saúde. Como exemplo, uma dieta pobre em proteínas durante a gestação pode piorar as consequências da infecção pelo vírus da zika no cérebro embrionário e fetal. Montar esse quebra-cabeça exigiu um intenso esforço, iniciado no período da epidemia de zika no Brasil, em 2016, e liderado por uma querida amiga, a professora Patrícia Garcez, minha veterana na época do doutorado no Instituto de Ciências Biomédicas da UFRJ, onde depois assumiu como docente.

A pesquisa conduzida por Patrícia concluiu que a infecção pelo vírus da zika durante a gestação de roedoras levou a alterações placentárias mais severas e a um comprometimento mais acentuado do cérebro fetal quando a mãe era alimentada com restrição de proteínas.[5] Nesses casos, a desnutrição materna provavelmente suprime o sistema imune, facilitando a passagem do vírus pela placenta e acentuando os efeitos deste no neurodesenvolvimento embrionário e fetal. A equipe liderada por Patrícia também entrevistou mães de bebês com

O pré-natal

síndrome congênita associada à infecção pelo zikavírus e concluiu que 37% delas ingeriam menos de sessenta gramas de proteína por dia, uma quantidade considerada insuficiente para a maioria das mulheres durante a gravidez.

Gestar um ser humano demanda mais energia do que se imaginava até então, e essa quantidade foi calculada em um estudo de grande impacto publicado em 2024: são em torno de 50 mil calorias para sustentar as cerca de quarenta semanas de desenvolvimento.[6] Essa necessidade energética corresponde aos gastos diretos para produzir um novo ser e também aos indiretos — a carga metabólica necessária para a mãe suportar todas as funções da gestação, que, como se descobriu recentemente, perfazem mais de 90% das 50 mil calorias necessárias.

Apesar de a necessidade de proteínas e outros macronutrientes ser maior durante a gravidez, o número de calorias demandadas para uma gestante consumir por dia varia de acordo com vários fatores, como o índice de massa corpórea (IMC) antes da concepção e o gasto energético vindo, por exemplo, de atividade física. Enquanto gestantes abaixo do peso devem ganhar cerca de 2,3 quilos no primeiro trimestre, as que estão obesas não necessitam engordar nesse período. Nos trimestres seguintes, o ganho de peso ideal também é individualizado, reforçando a importância do acompanhamento pré-natal. De forma geral, não são recomendados suplementos energéticos para aumentar o aporte de calorias, com exceção de contextos específicos em que não se alcança uma alimentação variada e com refeições balanceadas.

Como vimos, em relação aos micronutrientes as gestantes precisam consumir um bom aporte de vitaminas e minerais, como ácido fólico, ferro, cálcio, vitaminas C, D, complexo B e colina, além de ácidos graxos ômega-3. O ácido fólico, essencial na gestação e cuja importância de suplementação foi discutida no capítulo 2, é recomendado ainda no período pré-concepcional. A demanda de ferro aumenta muito com o passar da gestação, chegando a ficar seis vezes maior no último trimestre. Com a dificuldade de obter tanto ferro da dieta, as reservas maternas são utilizadas, e algumas gestantes podem desenvolver anemia ferropriva. O cálcio também é utilizado em situações como a baixa ingestão pela mãe, tanto para prover o crescimento do esqueleto fetal quanto para a prevenção da pré-eclâmpsia. A suplementação desses e de outros micronutrientes deve ser realizada sempre sob orientação profissional. Nas consultas de pré-natal são avaliadas a rotina alimentar da gestante, o histórico familiar e a dosagem sanguínea de alguns micronutrientes, quando indicado.

As grávidas que utilizam algum suplemento alimentar devem levar o nome ou o rótulo com seus ingredientes para as consultas, já que alguns deles podem acarretar efeitos adversos ou oferecer riscos, tanto por conter algum componente considerado prejudicial ao desenvolvimento do feto — a exemplo de suplementos estimulantes contendo cafeína, guaraná e outras substâncias — quanto pela informação de procedência, já que a contaminação com pesticidas ou metais pesados deve ser evitada.

Mesmo que as pesquisas sobre diversas suplementações vitamínicas na gravidez tragam resultados conflitantes, esse mercado continua crescendo, chegando a cifras globais de mais de meio bilhão em 2025. A suplementação polivitamí-

O pré-natal 213

nica nem sempre é recomendada: pode ser essencial em alguns contextos e prejudicial em outros, já que o excesso de algumas vitaminas e minerais, a exemplo do iodo e da vitamina A, pode comprometer o desenvolvimento embrionário e fetal. Em uma situação ideal, toda gestante teria um pré-natal conduzido com base nas mais robustas e atuais evidências científicas, considerando os estudos existentes e a individualidade de cada gravidez.

8. A paternidade

NOS CAPÍTULOS ANTERIORES, vimos quanto o organismo materno é impactado pela gestação, além da enorme influência que a saúde da mãe exerce sobre o desenvolvimento embrionário e fetal. Durante as cerca de quarenta semanas de gravidez, assim como o embrião, depois feto, moldará a mãe, esta o moldará. Ao longo dos séculos, a gestante deixou de ser considerada pela sociedade apenas um receptáculo que permite o crescimento fetal para assumir o protagonismo da gestação. Já o homem, cujo sêmen um dia foi considerado o elemento ativo da concepção e o gerador da vida e da alma, passou a ter um papel secundário no que se refere aos cuidados necessários antes de engravidar. É comum que mulheres façam consultas e exames e se informem sobre cuidados pré--concepcionais durante o planejamento de uma gestação, mas é raro que os homens tenham a mesma atitude.

Do mesmo modo, grande parte da informação disponibilizada para a sociedade sobre cuidados necessários antes de uma gestação é direcionada às futuras mães. Como exemplo, uma busca no Google por "cuidados pré-concepcionais" resulta em diversas páginas mencionando o que as mulheres devem fazer antes de engravidar. Mesmo acrescentando a palavra "homem" ao campo de busca, a maior parte do conteúdo retornado é dirigido a elas.

A paternidade 215

Cuidados como o controle do peso, a adoção de hábitos saudáveis na alimentação e no estilo de vida e o rastreio de doenças transmissíveis deveriam ser tomados por homens e mulheres, já que o embrião é gerado a partir de cromossomos maternos e paternos. Além disso, como as células trofoblásticas embrionárias têm um papel ativo na implantação no útero e na formação da placenta, a contribuição paterna para o desenvolvimento da gestação é muito importante. Nas últimas décadas tem crescido o número de pesquisas mostrando quanto as características genéticas e ambientais paternas influenciam na qualidade dos espermatozoides, no desenvolvimento embrionário, fetal e placentário, e na saúde da gestação e da prole. Muitos resultados dessas análises revelam efeitos surpreendentes que precisam ser mais divulgados, a fim de conscientizar sobre a importância da contribuição dos homens na saúde materna e infantil.

O que interfere na espermatogênese

A formação dos espermatozoides está sujeita a interferências em diversos estágios, desde a produção dos hormônios que comandam o processo até alterações nas delicadas etapas de divisão celular e transformação final das células, podendo comprometer a quantidade, a viabilidade e a qualidade dos gametas. Uma baixa contagem de espermatozoides no sêmen é chamada de oligospermia, e a completa ausência deles caracteriza a azoospermia. Algumas vezes, mesmo com um número considerado normal de espermatozoides por mililitro de sêmen, a morfologia ou a motilidade deles pode estar afetada, o que dificulta ou até impede a fecundação. Existem critérios para classificar as várias partes que estruturam os espermatozoides, e essa ordenação é feita após análises da cabeça, da peça intermediária (ou pescoço) e da cauda. Em alguns casos, por exemplo, a cabeça pode estar aumentada ou duplicada, dificultando a movimentação, ou reduzida, comprometendo seu conteúdo. Defeitos na cauda também incluem a duplicação ou a redução, ambas dificultando a chegada ao óvulo.

Como o sêmen têm milhões de espermatozoides, é comum que um grande número deles apresente defeitos estruturais. Em um exame de espermograma é calculado o percentual exato de gametas com morfologia normal, o que está associado a chances maiores de fecundação. Nesse exame também são avaliados parâmetros como a quantidade total de sêmen, a viscosidade, o pH e a vitalidade e motilidade dos espermatozoides. Se um espermograma mostra ausência ou diminuição na quantidade de espermatozoides, as causas podem ser obstrutivas — quando alguma situação, como uma inflamação, obstrui a passagem dos gametas — ou não obstrutivas — ligadas a problemas na espermatogênese. São diversos os fatores que podem prejudicar a formação dos espermatozoides, tanto na quantidade como na qualidade, e incluem desde doenças silenciosas a hábitos comuns e questões de estilo de vida. Entre as doenças estão, por exemplo, infecções que causam pequenas cicatrizes e obstruem a passagem dos espermatozoides; a varicocele (varizes na região testicular); e tumores que afetam os órgãos reprodutivos ou as glândulas produtoras dos hormônios sexuais. Quanto ao estilo de vida, o sedentarismo e hábitos como passar longos períodos sentado, ou com roupas apertadas, ou com uma

A paternidade

fonte de calor próxima aos testículos (um computador no colo, por exemplo) estão associados à piora nos parâmetros do espermograma, assim como ocorre com o tabagismo, o abuso do álcool e de drogas ilícitas, o estresse, a depressão e a obesidade. Alguns medicamentos também podem diminuir as chances de uma gravidez, seja por alterar a secreção dos hormônios sexuais, por prejudicar a formação dos espermatozoides ou por afetar a ejaculação e a ereção.

De maneira geral, recomenda-se que um casal heterossexual que quer engravidar busque o auxílio de médicos especialistas em fertilidade após um ano de tentativas sem sucesso. Esse tempo pode ser reduzido para seis meses quando a mulher tem acima de 35 anos, conforme recomenda a Sociedade Brasileira de Reprodução Assistida, devido à queda acentuada de fertilidade que ocorre após essa idade. É importante frisar que nos casos de infertilidade conjugal se observa que metade das causas está relacionada às mulheres e metade aos homens. No entanto, a pressão social exercida sobre as mulheres é muito maior, mesmo que elas em geral realizem consultas e exames regularmente, ao contrário dos parceiros. Em muitos casos, alterações negativas na quantidade e na qualidade dos espermatozoides podem ser revertidas com mudanças no estilo de vida, o que depende de uma análise rigorosa e acompanhamento.

A fertilidade do homem está decaindo?

Notícias alarmantes sobre uma intensa redução na fertilidade masculina no último século têm ganhado cada vez mais notoriedade. Embora muitas tenham um viés sensacionalista (alegando, por exemplo, que em poucas gerações os humanos não conseguirão mais se reproduzir de forma natural), elas são baseadas em pesquisas que analisam dados de espermogramas ao longo do tempo. Uma análise de 1992 reunindo 61 publicações entre 1938 e 1990 concluiu que a média de espermatozoides por mililitro de sêmen dos homens caiu de 113 milhões para 61 milhões nesse período.[1]

Várias críticas surgiram sobre esse estudo, pois as metodologias para a contagem de espermatozoides variaram muito durante as décadas de pesquisa, o que tornaria a comparação ao longo dos anos pouco confiável. Outros trabalhos propuseram análises alternativas, levando em consideração os diferentes métodos dos estudos e o tempo de abstinência sexual dos participantes antes dos exames (o que pode interferir nos resultados), e encontraram reduções menores, porém ainda significativas, na densidade de espermatozoides nas décadas de observação.

Em 2017, outra pesquisa reforçou a hipótese de queda gradual na quantidade de espermatozoides, mostrando que, em homens da Oceania, Europa e América do Norte, o número médio de gametas por mililitro de sêmen caiu mais de 50% entre 1973 e 2011.[2] Chefiada pela dra. Shanna Swan, professora de saúde pública da Escola de Medicina Mount Sinai, em Nova York, que pesquisa há mais de vinte anos os fatores que podem interferir na fertilidade, a investigação de 2017 ganhou muitos holofotes, mas também críticas.

Embora essa análise seja mais rigorosa do que a publicada em 1992, a concentração de espermatozoides no sêmen está sujeita a muitas variações individuais, que vão desde a idade

A paternidade 219

do homem até o número de relações sexuais no período anterior ao exame, o que torna difícil comparar os resultados de populações diferentes em épocas distintas. Além disso, a fertilidade não pode ser medida apenas pelo número de espermatozoides, e, mesmo que haja uma queda na quantidade, se ela estiver dentro de determinada faixa ainda será possível induzir naturalmente uma gravidez.

Em 2023, outro estudo do grupo de Swan analisou pesquisas com dados de espermogramas obtidos em diferentes regiões do mundo, com amostras colhidas até 2018, que foram comparadas com as análises prévias.[3] Os resultados novamente mostraram um declínio no número total e na concentração de espermatozoides no sêmen ao longo dos anos, dessa vez observado também em homens da América do Sul, África e Ásia. Mesmo com tantos indícios apontando uma queda na fertilidade masculina no futuro, a polêmica está longe do fim. Ainda há muito embate entre especialistas da área sobre a precisão de pesquisas que comparam análises não padronizadas de diferentes épocas e locais do mundo.

Mas se não temos a resposta definitiva sobre a suposta queda (passada, atual e futura) na concentração de espermatozoides humanos, fica evidente que esse assunto não pode ser negligenciado. A depender da porcentagem de redução observada, isso é motivo para acender um sinal de alerta também para um comprometimento na saúde do homem, que pode ser causado tanto pelos hábitos de vida mencionados anteriormente (tabagismo, excesso de álcool e sedentarismo, por exemplo) como pela exposição a diversos agentes ambientais. É justamente sobre o efeito destes últimos na saúde reprodutiva masculina que a dra. Swan e diversos outros grupos de pesquisa têm se debruçado.

Os disruptores endócrinos, cujo possível efeito no desenvolvimento embrionário e fetal foi comentado no capítulo 5, também podem atuar prejudicando a formação dos espermatozoides. Entre esses contaminantes destacam-se os bisfenóis (como o BPA), os ftalatos (também utilizados em plásticos e em diversos outros produtos), os retardantes de chama (presentes em itens como estofados, carpetes e eletrônicos), alguns pesticidas e outros poluentes dispersos no ar.

Estudos em animais não humanos mostram como essas substâncias podem alterar a formação dos espermatozoides e a fertilidade. Peixes, por exemplo, são mais sensíveis do que os humanos à ação de compostos que possuem atividade estrogênica, como é o caso dos disruptores endócrinos. As espécies mais suscetíveis podem passar a produzir gametas femininos nos testículos quando expostas a esses poluentes. Se isso ocorre em grandes quantidades, o número de espermatozoides decai, impedindo a reprodução.

A presença dos disruptores endócrinos já é universal no mundo, mas a exposição a eles pode ser variável, a depender do ambiente e do estilo de vida. Atualmente análises de regiões inóspitas do planeta, a exemplo de lagos em montanhas muito distantes das áreas continentais, revelam que esses locais já apresentam níveis detectáveis de disruptores endócrinos, com peixes machos produzindo ovos de forma proporcional aos níveis de contaminantes.

Se as pesquisas em animais não humanos geralmente mostram resultados muito negativos à fertilidade, entender o que acontece com humanos é mais complexo, pois envolve múlti-

A paternidade

plas variáveis. Nesse sentido, os estudos de associação trazem algumas pistas, principalmente ao analisar homens expostos a grandes concentrações de disruptores endócrinos, como trabalhadores que manipulam esses contaminantes. Altos níveis sanguíneos de BPA e ftalatos, por exemplo, foram associados a piora na qualidade dos espermatozoides e a maior risco de disfunção erétil.

Além dos compostos químicos presentes no plástico, como os ftalatos e bisfenóis, as próprias partículas plásticas podem ameaçar a fertilidade masculina. Assim como já se observou na placenta, no leite materno e no sangue do cordão umbilical, os microplásticos foram recentemente descobertos no sêmen humano. Análises mostraram a presença das partículas em seis de dez voluntários saudáveis na Itália, em metade dos voluntários avaliados na China e, mais recentemente, em todas as 47 amostras de testículos de cães e nas 23 de testículos humanos avaliadas em uma pesquisa estadunidense.[4]

Encontrar os microplásticos no sistema reprodutor inaugura a investigação sobre como eles podem afetar a reprodução humana. Apesar dos vários estudos apontando potenciais riscos e prejuízos dos contaminantes ambientais na saúde reprodutiva masculina, ainda não é possível bater o martelo sobre seus efeitos negativos. As pesquisas que surgirão nos próximos anos podem nos ajudar a entender diversas questões, como quais disruptores endócrinos representam maior ameaça, o que esses contaminantes e os microplásticos podem causar à produção e à liberação dos espermatozoides, e — talvez a mais difícil delas — quais são os níveis aceitáveis de exposição que não resultam em danos.

A influência paterna na gestação

Além de exercerem efeito direto na formação dos espermatozoides, os fatores genéticos, o estilo de vida e a exposição do homem a contaminantes podem influenciar na saúde da gestação e no desenvolvimento embrionário, fetal e infantil. Nos anos recentes, as pesquisas sobre o potencial da influência paterna têm sido ampliadas, abrangendo investigações nas etapas de fecundação, formação do embrião, implantação no útero e desenvolvimento gestacional e infantil. Entre os fatores que vêm sendo estudados estão: a dieta e a obesidade paterna, o tabagismo, o consumo de álcool e a exposição a diversos poluentes ambientais.

Quanto à dieta, estudos epidemiológicos, clínicos e em animais não humanos indicam que deficiências nutricionais, ingestão excessiva de calorias e obesidade relacionadas a homens estão ligadas a maior risco para alterações na gestação e no metabolismo de seus filhos, incluindo diabetes e maior índice de massa corporal na infância. Embora os efeitos da obesidade nos parâmetros do espermograma não estejam ainda completamente estabelecidos, já foi observado que ela pode impactar negativamente na espermatogênese, diminuindo a motilidade e a quantidade de espermatozoides com morfologia normal, sendo associado a um risco maior de infertilidade.

Estudos com roedores mostram que embriões gerados com espermatozoides de animais obesos tinham mudanças no padrão de distribuição das células e maior índice de falhas na implantação uterina. Além da obesidade, o teor da alimentação também importa: camundongos machos alimentados com dieta pobre em proteínas produziram embriões com

A paternidade

alterações em genes relacionados ao metabolismo, e até o tamanho da placenta das fêmeas foi reduzido. Nesses casos, a prole resultante teve mais disfunções cardiovasculares e apresentava um índice mais elevado de proteínas ligadas à inflamação na circulação sanguínea. Os resultados desses estudos sugerem que tanto a obesidade quanto uma dieta inadequada em nutrientes por parte dos homens antes da concepção podem trazer impactos negativos para o desenvolvimento gestacional e a saúde dos filhos.

O hábito de fumar também está associado a maiores chances de infertilidade, por piorar a qualidade dos espermatozoides, o que inclui danos ao DNA. Diversos estudos mostram que homens fumantes que mantêm esse hábito mesmo antes da concepção aumentam o risco de alterações congênitas em seus filhos. Uma dessas pesquisas analisou mais de 500 mil casais na China que participavam de um programa nacional de saúde pré-concepcional, planejando engravidar nos seis meses seguintes.[5] Informações sobre a saúde e o estilo de vida dos casais foram analisadas pelos pesquisadores no período anterior à gestação e no início dela. Os filhos dos homens que fumavam tiveram um risco maior de alterações congênitas, como malformações no coração, nos membros e no fechamento do tubo neural. O tabagismo paterno também está relacionado com maior risco para restrição do crescimento intrauterino e problemas respiratórios nos filhos. Assim, a abstinência do cigarro deve ser encorajada não somente para as mulheres tentantes, mas também para os homens que planejam uma gravidez.

O álcool, um dos principais teratógenos humanos, é também um dos fatores de risco paternos mais bem estudados.

Filhos de homens que bebem excessivamente têm risco aumentado para a síndrome alcoólica fetal, descrita no capítulo 5. Além disso, o álcool em demasia está associado a baixo peso ao nascer, alterações comportamentais e déficits no aprendizado e nas habilidades cognitivas e motoras.

Não é fácil entender qual seria o consumo de álcool por parte do genitor que não traz efeitos negativos no desenvolvimento gestacional, embrionário, fetal ou infantil. Isso porque os estudos em humanos geralmente utilizam autorrelatos sobre o consumo, nos quais os homens respondem qual é a média de doses consumidas em uma semana ou em um mês. A quantidade de álcool ingerida, portanto, pode ser muito variável, já que nem sempre a frequência de consumo é a mesma, e os percentuais alcoólicos de cada bebida também podem variar. Apesar dessas incertezas nos estudos em humanos, os resultados com roedores mostram boas evidências de efeitos negativos no aprendizado, na coordenação motora e no comportamento da prole cujo pai foi exposto ao álcool antes da concepção. Nos próximos anos as pesquisas sobre os efeitos desse hábito devem aumentar, mas os dados atuais já são suficientes para conscientizar homens sobre os riscos aumentados de beber. Ou seja, diminuir ou, preferencialmente, zerar o consumo de álcool cerca de três meses antes da concepção é extremamente recomendável para eles.

Em relação à exposição paterna a contaminantes ambientais como os disruptores endócrinos, as pesquisas que avaliam seus possíveis efeitos no desenvolvimento gestacional e infantil são bastante novas. Ainda existem resultados conflitantes quanto a possíveis efeitos negativos na capacidade de implantação e na viabilidade dos embriões cujos pais tinham

A paternidade

níveis elevados de BPA, por exemplo. Como os disruptores endócrinos podem interferir na sinalização comandada pelos hormônios sexuais, muitos estudos se dedicam a analisar possíveis alterações na formação da genitália na prole de indivíduos expostos aos contaminantes. Em humanos, esses dados podem ser relacionados aos níveis de disruptores encontrados na urina do pai, por exemplo. Porém, aqui temos novamente a problemática dos estudos associativos: encontrar uma relação não implica que haja uma causalidade. Em modelos animais não humanos a exposição pode ser mais facilmente manipulada, aumentando ou diminuindo a concentração de determinado contaminante e analisando se ocorrem alterações na genitália dos filhotes. Nesses casos, diversos estudos mostram que camundongos e ratos expostos a disruptores endócrinos têm mais chances de ter filhotes com malformações testiculares e ovarianas e, a depender do tipo e da concentração do contaminante, o número de fêmeas é aumentado na prole. Um risco maior para malformações na genitália também foi observado em filhos de genitores muito expostos a certos pesticidas, como inseticidas e herbicidas.

Se ainda não temos todas as respostas sobre a influência do estilo de vida paterno no desenvolvimento gestacional e infantil, já há dados suficientes para demonstrar que os conselhos aplicados às mulheres antes da concepção podem ser estendidos aos homens. Manter uma dieta saudável e o peso sob controle, interromper o consumo de álcool e tabaco e reduzir a exposição a contaminantes ambientais são ações que devem fazer parte da rotina de homens que planejam uma gestação.

A influência da idade

É comum usar a referência a um "relógio biológico" para falar sobre a fertilidade da mulher, que em geral vai decaindo após os trinta anos, devido ao reduzido estoque de óvulos. Uma gravidez aos 35 anos é muitas vezes categorizada como "tardia" ou "em idade avançada", e a gestante é encaminhada para exames adicionais, já que alguns riscos aumentam, como o de pré-eclâmpsia, diabetes gestacional e alterações cromossômicas no embrião. A idade paterna é pouco levada em consideração nesse cálculo, e não há guias ou protocolos universais que estabeleçam cuidados extras na gravidez a depender da idade do homem durante a concepção. No entanto, muitas pesquisas recentes têm associado a idade paterna avançada a um maior risco de infertilidade, alterações no desenvolvimento gestacional e até a certas condições de saúde nos filhos.

Desde os anos 2000, os estudos realizados com técnicas de FIV têm reportado que o avançar da idade paterna está associado a menor fecundidade e à diminuição na qualidade dos embriões e da capacidade de eles se implantarem no útero. Entretanto, ainda não se chegou a um consenso de qual seria a definição de "idade paterna avançada" para a reprodução do homem. Algumas pesquisas mostram que após os 45 anos o volume total de sêmen diminui e o percentual de espermatozoides com morfologia anormal e baixa vitalidade aumenta. Homens após os 55 anos podem ter um declínio de 50% na taxa de fertilização, quando comparados a grupos mais jovens.

Além da redução na quantidade de espermatozoides e da piora em sua morfologia, a idade paterna avançada também

A paternidade

aumenta as chances de alterações genéticas nessas células, o que explica a maior incidência de complicações na gestação e na saúde da prole. Com o passar dos anos, as células-tronco que originam os espermatozoides podem sofrer mutações genéticas e, se estas forem repassadas para um gameta que fertilizar o óvulo, o embrião formado terá um risco maior para desenvolver certas condições. Também existe a possibilidade de a idade reduzir o funcionamento dos mecanismos de reparo que normalmente são utilizados por nossas células para consertar pequenos erros no DNA. Há estudos que mostram um risco maior de pré-eclâmpsia e de perda gestacional em mulheres cujos parceiros têm idade mais avançada, especialmente após os 55 anos. Mais recentemente, a idade paterna tem sido considerada um possível fator contribuinte para doenças ou alterações de desenvolvimento que envolvam um componente hereditário. É o caso, por exemplo, da acondroplasia (o tipo mais comum de nanismo), da leucemia infantil, da esquizofrenia, do transtorno bipolar e do transtorno do espectro autista (TEA). É importante ressaltar que a idade do pai não é um aspecto determinante, mas, segundo algumas pesquisas, pode aumentar o risco dessas condições quando associado a outros fatores — muitos dos quais desconhecidos.

Ainda há muitas perguntas a serem respondidas nas próximas décadas sobre o efeito da idade do pai no desenvolvimento dos filhos, na gestação e depois que nascem. Estudos futuros deverão levar em conta o efeito combinado de diversos fatores, como a idade dos dois genitores e a influência dos componentes ambientais, o que é extremamente complexo. As técnicas avançadas de reprodução assistida utilizadas nos procedimentos de FIV poderão ajudar na investigação de possíveis alterações embrionárias associadas à idade paterna avançada. Enquanto isso, é necessário ampliar a compreensão de que a idade do pai também influencia no desfecho da gestação e orientar homens que pretendem engravidar da mesma forma que se faz com as mulheres.

De geração em geração

Como vimos anteriormente, mutações que ocorram no DNA do espermatozoide ou do óvulo e alterações epigenéticas podem ser repassadas aos descendentes. A epigenética pode explicar como os fatores ambientais vistos anteriormente impactam a saúde dos filhos. Consumo de álcool, estresse, exposição a poluentes e certas doenças infecciosas podem causar marcas no DNA dos gametas, que são passadas para as gerações seguintes. Assim, experiências de vida de nossos avós poderiam repercutir em nossa saúde, e o que acontece conosco também pode impactar nossos netos. Em relação à influência paterna, por exemplo, camundongos obesos geram filhos e netos com risco aumentado de resistência à insulina e acúmulo de gordura corporal. O estilo e as condições de vida no período próximo à formação do espermatozoide e à concepção podem causar mudanças epigenéticas que interferem na fertilização do óvulo, na implantação do embrião e em seu desenvolvimento.

Apesar do grande número de pesquisas sobre epigenética na atualidade, ainda há muito a compreendermos sobre como e em quais condições ocorre a transmissão dessas alterações.

A paternidade 229

Estudos em camundongos tentam modelar diferentes fatores ambientais e observar possíveis desfechos ao longo das gerações. Nesse sentido, animais expostos a disruptores endócrinos, nicotina, traumas ou dieta inadequada, por exemplo, geram filhos e netos com maior risco de desenvolver condições como diabetes, alergias e transtornos psiquiátricos. Em seres humanos, estudos também associam esses fatores. Os descendentes de veteranos de guerra, por exemplo, têm risco aumentado para depressão e transtorno do estresse pós-traumático. Entender o quanto essas tendências são resultado da epigenética ou do próprio estilo de parentalidade não é uma tarefa simples, e os modelos animais não humanos auxiliam no estudo mais aprofundado das bases moleculares de comportamentos e doenças.

A dra. Isabelle Mansuy, professora de epigenética da Universidade de Zurique, e sua equipe tentam desvendar quanto as situações traumáticas podem impactar nosso DNA e as futuras gerações. Em seu laboratório, camundongos machos que sofreram traumas e estresse na infância acasalaram com fêmeas não expostas a esses eventos, e seus filhos, netos e até bisnetos exibiam mais comportamentos de risco e associados à depressão. Os animais traumatizados desenvolveram marcas específicas em alguns genes, que foram transmitidas para seus descendentes. Para investigar o quanto essas marcas influenciavam no comportamento das gerações seguintes, o material genético alterado presente nos espermatozoides dos camundongos traumatizados foi injetado em um embrião cujos pais não haviam passado por traumas, e o filhote gerado também exibiu comportamentos alterados diante de estímulos estressores.[6] Posteriormente, outros grupos de pesquisa criaram modelos de roedores em que um estímulo traumático gerou marcas no DNA dos espermatozoides, e estas foram então transmitidas para as gerações futuras, causando mudanças no comportamento e até mesmo no metabolismo dos animais.

Levando em conta o impacto que nossas vivências podem exercer em filhos e netos, seria prudente controlar ao máximo nosso ambiente para influenciar positivamente as próximas gerações. Mas se vários fatores relacionados ao estilo de vida podem ser modificados, o mesmo não é possível para outros tantos. Muitos casos de exposição a certos contaminantes ambientais ou a traumas não podem ser evitados, e ainda não há como prever o custo de cada um deles para os descendentes. Com o avançar das pesquisas, poderá ser possível identificar marcadores epigenéticos desses eventos, o que permitirá intervenções precoces visando diminuir os riscos futuros. Se uma pessoa descobrisse, por exemplo, que carrega marcas epigenéticas geradas por situações traumáticas vividas por seus antepassados, poderia procurar cuidados específicos a fim de preservar sua saúde mental de consequências negativas. A era da epigenética está apenas no início e promete grandes mudanças na compreensão e no tratamento das alterações hereditárias nas próximas décadas.

A influência dos filhos

Se os pais têm o poder de influenciar no desenvolvimento dos filhos, o contrário também é válido. Como vimos no capítulo 6, a gestação e o pós-parto provocam mudanças na ar-

A paternidade 231

quitetura cerebral das mães, induzidas também pela própria interação com o bebê. Para entender a parentalidade de modo mais abrangente, as pesquisas que demonstraram haver uma redução de volume no córtex cerebral com a maternidade foram expandidas para o estudo do cérebro paterno. Para essa missão, o grupo de pesquisa da Espanha mencionado naquele capítulo, que analisou o cérebro de mulheres tentando engravidar e após a gestação, iniciou uma colaboração com pesquisadores dos Estados Unidos, liderados pela dra. Darby Saxbe, professora de psicologia na Universidade do Sul da Califórnia. O time estudou o cérebro de homens que não tinham filhos e de outros antes e depois da paternidade, e verificou que os pais também apresentaram redução de volume no córtex, mas de forma mais sutil se comparada à das mulheres.[7] Assim como acontece com as mães, as principais regiões corticais envolvidas nesse remodelamento cerebral paterno foram aquelas que auxiliam na compreensão de sentimentos de outras pessoas, sugerindo maior socialização e empatia também dos recém-pais.

Em um segundo estudo da equipe, publicado em 2024, foram analisadas as imagens do cérebro de 38 pais de primeira viagem, em dois momentos: durante a gravidez da parceira e seis meses após o parto.[8] Além disso, quando os bebês tinham três, seis e doze meses de idade, esses homens responderam uma série de perguntas relacionadas aos seus hábitos e estilo de paternidade. Os resultados mais uma vez mostram a importância do remodelamento do cérebro: os pais que apresentaram maior redução de volume no córtex foram os que relataram um vínculo pré e pós-natal mais intenso e que também tinham mais dedicação e envolvimento na parentalidade. Assim como ocorre com as mães, os primeiros meses de um pai podem representar uma janela de oportunidade para aprendizados e experiências que alteram até a anatomia do cérebro, aguçando sentidos e afinando percepções que antes não eram tão valorizadas.

Curiosamente, há pouco tempo me deparei com a divulgação do último estudo da dra. Saxbe na internet, acompanhado da seguinte chamada: "Ter filhos muda o cérebro dos homens". Uma rápida passada pelos comentários entregou a percepção do público sobre a forma de agir de muitos pais: para grande parte dessas pessoas, a paternidade causa tantas mudanças que alguns homens mudam até de endereço, de cidade ou simplesmente somem. Infelizmente os dados do Brasil comportam esse tipo de ironia. Só em 2023, mais de 170 mil bebês foram registrados sem o nome do pai na certidão, e ter o nome no registro também não é garantia de suporte, já que o país tem mais de 11 milhões de mães criando seus filhos sozinhas. Segundo o Instituto Brasileiro de Geografia e Estatística (IBGE), as mulheres dedicam 9,6 horas por semana a mais que os homens a afazeres domésticos ou cuidado de pessoas,[9] atividades ligadas principalmente à presença de crianças no domicílio. Mesmo as mulheres que têm uma ocupação fora de casa gastam em média 6,8 horas a mais por semana cuidando do lar ou de pessoas, em relação aos homens também ocupados.

As desigualdades existentes entre mães e pais no cuidado com os filhos são em geral tão significativas que algumas mulheres usam o termo "maternidade solo acompanhada" para se referir à sobrecarga de cuidados parentais que elas têm, mesmo estando em uma relação conjugal com o genitor. As

A *paternidade* 233

políticas de licença parental, cujo foco são principalmente as mães em grande parte dos países, incluindo o Brasil, poderiam justificar esse ônus, mas a sobrecarga permanece mesmo após o período de afastamento laboral. Além disso, em países que permitem o compartilhamento da licença parental entre mães e pais, somente cerca de 25% do tempo é utilizado por homens, chegando a apenas 10% em algumas regiões.[10] Como forma de tentar diminuir a desigualdade e incentivar a participação paterna nos cuidados com os filhos, países como Áustria, Alemanha e Canadá tentam implementar políticas de licença com semanas extras de uso exclusivo dos pais.

A primeira vez que eu percebi como o esforço para conciliar maternidade e carreira é brutalmente distinto entre homens e mulheres foi durante o período em que estive na Universidade da Califórnia em San Diego cursando uma parte do doutorado. Uma das pesquisadoras do centro de estudos de câncer no qual trabalhei, por quem eu nutria grande admiração, me confessou em meio a um café o grande arrependimento que carregava: não ter tido filhos para conseguir focar a evolução acadêmica. A maternidade nem passava pela minha cabeça à época; eu queria passar todo o período no exterior absorvendo o máximo de aprendizado que fosse possível e produzindo resultados para publicar um bom artigo. Isso me daria mais chances de buscar um pós-doutorado, que, por sua vez, caso fosse bastante produtivo, poderia me ajudar a ser contratada como professora e pesquisadora em uma universidade pública. Com todo esse plano traçado, não havia o menor espaço para uma gravidez e um bebê. Mas lembro até hoje das palavras que ouvi enquanto bebia o café quente e imaginava o futuro: "Não faça como eu; priorize seus filhos caso queira tê-los, pois o trabalho não vai cobrir esse buraco".

Durante o ano em que passei trabalhando no exterior, alguns colegas (homens e mulheres) do meu laboratório ou de laboratórios vizinhos tiveram filhos, e as diferenças eram gritantes. Com uma licença-maternidade de poucas semanas e sem pagamento integral, uma das pesquisadoras retornou ao trabalho um mês após o nascimento do bebê, porém em um regime de meio período, fazendo com que a finalização da pesquisa que ela conduzia demorasse muito mais do que o previsto. Outra colega acabou saindo do laboratório para se dedicar à maternidade e, em um dos casos mais surpreendentes que conheci, a pesquisadora recém-mãe que não tinha rede de apoio nos Estados Unidos precisou levar seu filho de apenas um mês para a Ásia, onde ele ficou aos cuidados da avó materna por mais de dois anos. Já os pesquisadores homens que tiveram filhos continuaram trabalhando com o mesmo nível de produtividade, alguns até mesmo fazendo horas extras para acelerar a produção de artigos científicos. Seus bebês seguiam em casa, sendo cuidados pelas esposas ou por outras mulheres que os auxiliavam.

Nas pesquisas que realizamos pelo movimento Parent in Science, coletamos dados e depoimentos de mães acadêmicas que nos mostram quanto a desigualdade nos cuidados parentais sobrecarrega as mulheres e dificulta o avançar na carreira. Durante os primeiros meses da pandemia de covid-19, por exemplo, quando o trabalho acadêmico era realizado de forma remota e as redes de apoio eram escassas, a proporção de cientistas que conseguiam cumprir prazos era muito menor entre as mães do que entre os pais.

A paternidade 235

Somente cerca de 38% das mães com filhos de zero a seis anos estavam cumprindo todos os prazos de relatórios, projetos e artigos, enquanto o percentual chegava a mais de 50% para homens com filhos da mesma faixa etária.[11] Não por acaso é mais difícil vermos mulheres nas mais altas posições na área acadêmica, como na presidência de sociedades científicas ou mesmo laureadas com o Nobel. A sobrecarga de cuidados é um obstáculo para a ascensão na carreira, e a falta de representatividade em cargos decisórios dificulta até o financiamento para temas de pesquisa como a saúde maternoinfantil e os cuidados parentais.

Mudanças no comportamento

Na história das sociedades ocidentais, os cuidados parentais ficavam a cargo das mulheres, enquanto os homens dominavam a força de trabalho e tinham pouco envolvimento com as tarefas diárias da criação dos filhos. A chegada da mulher ao mercado alterou esse arranjo familiar, mostrando a necessidade de reorganizar o conceito de família tradicional vigente na época. Essa movimentação social, aliada à entrada de mais mulheres na ciência, estimulou o avanço de estudos sobre a importância dos cuidados paternos no desenvolvimento infantil. A partir da década de 1970, alguns grupos de pesquisa começaram a explorar os impactos tanto da ausência quanto do envolvimento dos homens, utilizando diferentes metodologias.

A literatura sobre comportamento parental é dominada pelas pesquisas que avaliam a interação das mães com os filhos, seja em indivíduos humanos ou em modelos animais não humanos. Já os estudos de comportamento paterno têm pouco paralelo com outros animais, como os roedores de laboratório, dado que na maioria das espécies há pouco ou nenhum investimento dos machos em criar os filhotes. Exceções são certos peixes, a maioria das aves, alguns ratos silvestres e certas espécies de roedores, como o camundongo-da-califórnia (*Peromyscus californicus*).

Nos animais não humanos em que o cuidado materno é único ou dominante, os machos podem assumir um papel mais ativo na criação dos filhotes em determinadas condições ambientais adversas, como já foi observado em ratos silvestres durante meses de inverno rigoroso. Já nas espécies em que o investimento paterno é normalmente alto, quando o macho se ausenta da criação a sobrevivência dos filhotes é comprometida, como ocorre com os camundongos-da-califórnia.

As pesquisas sobre comportamento paterno em humanos são em geral observacionais, analisando o envolvimento do pai com os filhos em diferentes contextos e avaliando o impacto que o padrão de criação causa na prole. Muitos trabalhos também pesquisam as mudanças hormonais trazidas pela paternidade, que podem se manifestar mesmo durante o período da gestação da parceira, principalmente entre casais grávidos que residem juntos. Por exemplo, os níveis de cortisol tendem a se elevar nos homens ao fim da gestação, concomitantemente a uma redução da testosterona — que persiste após o nascimento dos filhos. De forma similar, a redução de testosterona foi vista também em casais de mulheres nos quais uma delas estava grávida, e essa alteração foi compreendida como um preditor de melhor qualidade de relacionamento

A paternidade

com o bebê. Assim, as mudanças hormonais podem ajudar a moldar o funcionamento cerebral mesmo de quem não está gestando, como preparação do indivíduo para as múltiplas tarefas após o nascimento. A dinâmica da comunicação dos hormônios com o cérebro e quanto isso influencia a paternidade é um atual tema de estudo de grupos de pesquisa como o da dra. Saxbe, complementando os estudos recém-lançados sobre as mudanças no cérebro dos pais.

Após o nascimento dos filhos, a interação e o tempo de dedicação a eles também provocarão grandes mudanças hormonais nos pais. A ocitocina e a vasopressina aumentam e estão relacionadas com o engajamento paterno. Brincadeiras interativas e o contato físico e visual estão entre as atividades que alimentam esses hormônios. A vasopressina e a ocitocina também são mais elevadas nas espécies de roedores que apresentam comportamento paterno, e a injeção cerebral de vasopressina nos roedores machos virgens resulta em maior proximidade e contato destes com filhotes de outros pais. O contato físico do pai com os filhos e outras ações, como abraçar, brincar e demonstrar física e verbalmente amor e conforto, têm sido associados positivamente com melhores interações sociais e performance acadêmica, e ainda com menor agressividade nos filhos.

Com uma vasta literatura sobre as transformações que a paternidade e o engajamento com os filhos causam nos homens, fica cada vez mais evidente que tanto eles quanto as mães têm competências para o cuidado parental. O aprendizado necessário para cuidar de uma vida vem com a vivência e também com muito estudo, o que pode ser praticado por ambos. Os homens que optam por vivenciar a paternidade em sua plenitude têm a grande oportunidade de experimentar as transformações e recompensas que o cuidado parental oferece. Além disso, o carinho, o cuidado e a proteção paterna trazem impactos positivos no desenvolvimento infantil a curto, médio e longo prazos, o que beneficia as interações familiares e toda a sociedade.

Os ônus e bônus

Existem hipóteses de que as alterações hormonais que podem ocorrer com os homens durante a gestação e o pós-parto em raras situações contribuam para o desenvolvimento de algumas condições com sintomas físicos ou mentais. Uma delas é a síndrome de Couvade, uma espécie de "gravidez por empatia" em homens que convivem com a parceira grávida. Sintomas como enjoo, tonturas, desconforto abdominal, fadiga e ganho de peso podem ser de fato sentidos por determinados homens, e, apesar de alguns estudos sobre o tema, não existe uma ideia da prevalência global dessa entidade médica. A síndrome de Couvade não é uma doença, não possui critérios diagnósticos nem é considerada algo negativo. Não há necessidade de tratamento, salvo em situações pontuais nas quais os sintomas sejam muito desagradáveis.

As pesquisas sobre ela são em geral descrições de casos ou estudos associativos que analisam a presença de sintomas e de outras variáveis que possam estar relacionadas. Nesse sentido, a síndrome já foi ligada a alterações hormonais, como nos níveis de testosterona e prolactina. Também parece existir uma relação entre o aparecimento e a intensidade dos sintomas e

A paternidade

a conexão emocional com a gravidez. Sintomas semelhantes foram descritos em homens e mulheres que conviviam com uma grávida e partilhavam laços emocionais relacionados à gestação, mesmo não se tratando do genitor ou da cogenitora. No entanto, ainda não há uma causa definida para a síndrome, e as hipóteses existentes são meramente especulativas. Com o aumento futuro das pesquisas sobre paternidade e um incentivo à participação dos pais em todas as etapas da gravidez, espera-se uma melhor compreensão sobre o papel e a importância das alterações hormonais masculinas durante a espera pelo bebê.

As mudanças nos hormônios e na anatomia cerebral que ocorrem em alguns homens a caminho da paternidade podem colaborar para o desenvolvimento de sintomas de ansiedade e depressão, embora com uma frequência menor do que nas mulheres. Esse período de transição aumenta a vulnerabilidade à depressão perinatal paterna, que aos poucos vem sendo mais conhecida, apesar de ainda não ter critérios diagnósticos consolidados. Os sintomas podem iniciar antes ou após o parto e tendem a ser menos intensos do que na depressão perinatal materna, incluindo fadiga, irritabilidade, agitação, autocrítica excessiva e agressividade, podendo predispor ao abuso de álcool e outras drogas, a transtornos alimentares e comportamentos impulsivos. Os estudos atuais sobre os fatores de risco para a depressão paterna chegaram a resultados conflitantes, mas a influência e a coexistência da depressão materna são apontadas em várias pesquisas. Se a mãe tem depressão perinatal, o pai tem mais riscos de também sofrer com essa condição; e, quando o pai passa por isso, a chance de os sintomas maternos se prolongarem ou se agravarem é maior.

Como a qualidade do cuidado parental é extremamente importante para o desenvolvimento social, emocional e cognitivo dos filhos, um dos problemas da depressão perinatal não tratada adequadamente é seu impacto para o bebê ou a criança. Muitas evidências apontam para prejuízos no desenvolvimento infantil, com maior chance de transtornos de humor e ansiedade nos filhos. A saúde mental da mãe, do pai ou de qualquer outro cuidador não deve ser negligenciada, e, dado que homens são menos propensos a procurar ajuda para cuidar de aspectos de sua saúde psicológica, é importante conscientizar esse público sobre a depressão perinatal paterna e seu tratamento. Estratégias como psicoterapia realizada por profissionais habilitados têm sido consideradas muito positivas, melhorando o bem-estar paterno e a qualidade da interação desses homens com seus bebês.

A utilização de medicamentos específicos também pode ser considerada em algumas situações. Os pais que estão envoltos na criação e nas responsabilidades com os filhos podem ter dificuldade de mostrar sua vulnerabilidade, mas a busca pela saúde mental não deve ser um estigma. Cuidar de quem cuida é tão fundamental quanto os cuidados necessários para gestar e criar um novo ser.

Notas

1. De onde viemos [pp. 15-39]

1. Committee of Dutch Scientists, *The Collected Letters of Antonj van Leeuwenhoek*, p. 279.
2. Revisado em R. V. Short, "Where do Babies Come From?".
3. C. Thomas et al., "Ex Vivo Imaging Reveals the Spatiotemporal Control of Ovulation".
4. O vídeo pode ser visualizado em <www.mpg.de/23607874/1018bich-ovulation-filmed-in-real-time-17216463-x>. Acesso em: 11 jan. 2025.
5. L. Spallanzani, *Dissertations Relative to the Natural History of Animals and Vegetables*.
6. Apud T. Penna, "Lazzaro Spallanzani: Pioneer of Artificial Insemination, Multidisciplinary Research, and Scientific Dissemination".
7. Nas décadas seguintes, James Watson ficou conhecido por diversas declarações que utilizavam falsos fatos científicos e defendiam ideias racistas, sexistas e eugênicas, o que culminou com ele sendo suspenso de cargos e perdendo algumas honrarias acadêmicas no início dos anos 2000.
8. A. P. Fayomi et al., "Autologous Grafting of Cryopreserved Prepubertal Rhesus Testis Produces Sperm and Offspring".
9. D. Ejzenberg et al., "Livebirth after Uterus Transplantation from a Deceased Donor in a Recipient with Uterine Infertility".
10. Testa, Giuliano et al., "Uterus Transplant in Women With Absolute Uterine-Factor Infertility".
11. N. Inoue et al., "The Immunoglobulin Superfamily Protein Izumo is Required for Sperm to Fuse with Eggs".
12. E. Bianchi et al., "Juno Is the Egg Izumo Receptor and Is Essential for Mammalian Fertilization".
13. G. Palermo et al., "Pregnancies After Intracytoplasmic Injection of Single Spermatozoon into an Oocyte".

2. O embrião [pp. 40-67]

1. D. F. Cowan, "The Wonder Water: A Short Historical Essay on Urine". Disponível em: <https://pmc.ncbi.nlm.nih.gov/articles/PMC1582775/pdf/vetsci00092-0030.pdf>. Acesso em: 11 mar. 2025.
2. G. D. Braunstein, "The Long Gestation of the Modern Home Pregnancy Test".
3. N. Hopwood, "'Not Birth, Marriage or Death, but Gastrulation': The Life of a Quotation in Biology".
4. G. Amadei et al., "Embryo Model Completes Gastrulation to Neurulation and Organogenesis".
5. S. Tarazi et al., "Post-gastrulation Synthetic Embryos Generated Ex Utero from Mouse Naive ESCS".

3. O feto [pp. 68-89]

1. J. A. Mennella, A. Johnson e G. K. Beauchamp, "Garlic Ingestion by Pregnant Women Alters the Odor of Amniotic Fluid".
2. A. E. Faas et al., "Alcohol Odor Elicits Appetitive Facial Expressions in Human Neonates Prenatally Exposed to the Drug".
3. Y. Doğan Merih, A. Alioğulları e D. Coşkuner Potur, "The effect of Vernix Caseosa in Preventing Nipple Problems Among Early Postpartum Women: A Randomized-controlled Single-blind Clinical Trial".
4. D. Hao Wang et al., "Sea Lions Develop Human-like Vernix Caseosa Delivering Branched Fats and Squalene to the GI Tract".
5. K. Aagaard et al., "The Placenta Harbors a Unique Microbiome".
6. M. C. de Goffau et al., "Human Placenta Has No Microbiome But Can Contain Potential Pathogens".

4. A placenta [pp. 90-112]

1. J. A. Frank et al., "Evolution and Antiviral Activity of a Human Protein of Retroviral Origin".
2. F. Avelar Santos et al., "Plastic Debris Forms: Rock Analogues Emerging from Marine Pollution".

Notas

3. T. Braun et al., "Detection of Microplastic in Human Placenta and Meconium in a Clinical Setting".
4. A. Ragusa et al., "Plasticenta: First Evidence of Microplastics in Human Placenta".
5. Para quem deseja analisar de forma mais detalhada os produtos de higiene e beleza consumidos, o aplicativo e site *Beat the microbead* (<www.beatthemicrobead.org>) permite o escaneamento das listas de ingredientes e a sinalização da presença de microplásticos.
6. E. Darwin, "Of the Oxygenation of the Blood in the Lungs, and in the Placenta".
7. Ibid.
8. W. G. McBride, "Thalidomide and Congenital Abnormalities".
9. Imagens da condecoração da dra. Frances Kelsey podem ser vistas on-line na Biblioteca e Museu Presidencial John F. Kennedy: <www.jfklibrary.org/asset-viewer/archives/jfkwhp-1962-08-07-c#?image_identifier=JFKWHP-KN-23118>. Acesso em: 11 jan. 2025.
10. C. G. Iyer et al., "WHO Co-ordinated Short-Term Double-blind Trial with Thalidomide in the Treatment of Acute Lepra Reactions in Male Lepromatous Patients".

5. A teratologia e a influência do estilo de vida [pp. 113-52]

1. M. Lipton, "The History and Superstitions of Birth Defects".
2. Discutido em E. L. Abel, "Was the Fetal Alcohol Syndrome Recognized by the Greeks and Romans?".
3. Citado em J. E. Morrison, "One Entrance into life". A data da morte foi corrigida para 1638 em J. M. DeSesso, "The Arrogance of Teratology: A Brief Chronology of Attitudes Throughout History".
4. Relatado em O. Weininger, *Sex, Science, and Self in Imperial Vienna*.
5. F. Hale, "Pigs Born without Eyeballs".
6. S. Q. Cohlan, "Excessive Intake of Vitamin A as a Cause of Congenital Anomalies in the Rat".
7. OMS, *Vitamin A Supplementation during Pregnancy*.
8. J. G. Wilson, "Experimental Studies on Congenital Malformations".
9. J. G. Wilson, *Environment and Birth Defects*.
10. OMS, *Technical Report Series 364*; FDA, "Guidelines for Reproduction Studies for Safety Evaluation of Drugs for Human Use".

11. E. Zavala et al., "Global Disparities in Public Health Guidance for the Use of COVID-19 Vaccines in Pregnancy".

12. M. Nakamura-Pereira, "Worldwide Maternal Deaths Due to COVID-19: A Brief Review".

13. M. Foster Riley, "Including Pregnant and Lactating Women in Clinical Research: Moving Beyond Legal Liability".

14. I. Tein e D. L. MacGregor, "Possible valproate teratogenicity".

15. K. C. Hanold, "Teratogenic Potential of Valproic Acid".

16. Citado em H. Eugene Hoyme et al., "A Practical Clinical Approach to Diagnosis of Fetal Alcohol Spectrum Disorders: Clarification of the 1996 Institute of Medicine Criteria".

17. Stanford Research. Disponível em: <www.stanford.edu/research/>. Acesso em: 11 jan. 2025.

18. J. Tegan, "Many Doctors Link Smoking and Cancer".

19. O relatório técnico da pesquisa está disponível no repositório da Fiocruz: <www.arca.fiocruz.br/handle/icict/63148>. Acesso em: 11 jan. 2025.

20. The American College of Obstetrician and Gynecologist, "Committee Opinion: Reducing Prenatal Exposure to Toxic Environmental Agents".

21. A melhor forma de descartar medicamentos vencidos ou sem uso é levá-los até um posto de coleta (em farmácias ou serviços públicos e privados de saúde), para que se possa fazer o recolhimento e posterior incineração adequada, evitando a propagação de resíduos no meio ambiente.

22. R. S. Finkel et al., "Risdiplam for Prenatal Therapy of Spinal Muscular Atrophy".

23. R. Hashizume et al., "Trisomic Rescue via Allele-specific Multiple Chromosome Cleavage Using CRISPR-Cas9 in Trisomy 21 Cells", *PNAS Nexus*, v. 4, n. 2, fev. 2025.

24. K. Gadsbøll et al., "Current Use of Noninvasive Prenatal Testing in Europe, Australia and the USA: A Graphical Presentation".

25. FDA, "Genetic Non-Invasive Prenatal Screening Tests May Have False Results: FDA Safety Communication".

6. As mudanças no corpo e na mente [pp. 153-92]

1. M. E. Babey et al., "A Maternal Brain Hormone that Builds Bone".

Notas

2. F. Úbeda e G. Wild, "Microchimerism as a Source of Information on Future Pregnancies".

3. E. Hoekzema et al., "Pregnancy Leads to Long-Lasting Changes in Human Brain Structure".

4. M. Paternina-Die et al., "Women's Neuroplasticity During Gestation, Childbirth and Postpartum".

5. L. Pritschet et al., "Neuroanatomical Changes Observed over the Course of a Human Pregnancy".

6. C. N. Dye et al., "Microglia Depletion Facilitates the Display of Maternal Behavior and Alters Activation of the Maternal Brain Network in Nulliparous Female Rats".

7. Revisado em E. R. Orchard et al., "Matrescence: Lifetime Impact of Motherhood on Cognition and the Brain".

8. J. Terkel e J. S. Rosenblatt, "Humoral Factors Underlying Maternal Behavior at Parturition: Cross Transfusion between Freely Moving Rats". Essa é considerada uma das primeiras evidências da base hormonal do comportamento materno.

9. A. Roos et al., "Altered Prefrontal Cortical Function During Processing of Fear-Relevant Stimuli in Pregnancy".

10. Revisado em E. F. Cárdenas, A. Kujawa e K. L. Humphreys, "Neurobiological Changes During the Peripartum Period: Implications for Health and Behavior".

11. O Parent in Science foi fundado em 2016 pela prof. dra. Fernanda Stanisçuaski, também docente da UFRGS. É possível obter mais informações sobre o movimento em: <www.parentinscience.com>. Acesso em: 11 jan. 2025.

12. Conforme o Observatório de Saúde Pública. Disponível em: <https://observatoriosaudepublica.com.br/tema/saude>. Acesso em: 11 mar. 2025.

13. Ver <https://www.ipea.gov.br/ods/ods3.html>.

14. A. Smajdor e J. Räsänen, "Is pregnancy a disease?".

15. M. C. Osório Wender, R. Bonassi Machado e C. A. Politano, "Influência da utilização de métodos contraceptivos sobre as taxas de gestação não planejada em mulheres brasileiras"; T. Vieira Nilson et al., "Unplanned Pregnancy in Brazil: National Study in Eight University Hospitals".

16. E. Gustafsson et al., "Fathers Are Just as Good as Mothers at Recognizing the Cries of Their Baby".

7. O pré-natal [pp. 193-213]

1. I. Donald, J. Macvicar e T. G. Brown, "Investigation of Abdominal Masses by Pulsed Ultrasound".
2. Instituições médicas e científicas como o Instituto Americano de Ultrassom em Medicina já lançaram alertas sobre possíveis riscos do "uso recreativo" do ultrassom na gravidez: <https://www.aium.org/resources/official-statements/view/prudent-use-and-safetyoo-fiagnostic-ultrasound-in-pregnancy>. Acesso em: 13 mar. 2025.
3. S. Shakoor et al., "Increased Nuchal Translucency and Adverse Pregnancy Outcomes".
4. T. C. M'Culloch, "Blood-letting as a Remedy in the Treatment of Eclampsia Puerperalis and 'Acute Pneumonia'".
5. J. Barbeito-Andrés et al., "Congenital Zika Syndrome Is Associated with Maternal Protein Malnutrition".
6. S. Ginther et al., "Metabolic Loads and the Costs of Metazoan Reproduction".

8. A paternidade [pp. 214-40]

1. E. Carlsen et al., "Evidence for Decreasing Quality of Semen During Past 50 Years".
2. H. Levine et al., "Temporal Trends in Sperm Count: A Systematic Review and Meta-Regression Analysis".
3. H. Levine et al., "Temporal Trends in Sperm Count: A Systematic Review and Meta-regression Analysis of Samples Collected Globally in the 20th and 21st Centuries".
4. L. Montano et al., "Raman Microspectroscopy Evidence of Microplastics in Human Semen"; Q.Zhao et al., "Detection and Characterization of Microplastics in the Human Testis and Semen"; C. Jamie Hu et al., "Microplastic presence in dog and human testis and its potential association with sperm count and weights of testis and epididymis".
5. Q. Zhou et al., "Association Between Preconception Paternal Smoking and Birth Defects in Offspring: Evidence from the Database of the National Free Preconception Health Examination Project in China".

6. K.Gapp et al., "Implication of Sperm RNAS in Transgenerational Inheritance of the Effects of Early Trauma in Mice".
7. M. Martínez-García et al., "First-time Fathers Show Longitudinal Gray Matter Cortical Volume Reductions: Evidence from Two International Samples".
8. D. Saxbe e M. Martínez-García, "Cortical Volume Reductions in Men Transitioning to First-Time Fatherhood Reflect both Parenting Engagement and Mental Health Risk".
9. IBGE, Diretoria de Pesquisas, Coordenação de Pesquisas por Amostra de Domicílios, Pesquisa Nacional por Amostra de Domicílios Contínua, 2022.
10. OECD, "Paid Parental Leave: Big Differences for Mothers and Fathers", 2023.
11. F. Stanisçuaski et al., "Gender, Race and Parenthood Impact Academic Productivity During the COVID-19 Pandemic: From Survey to Action".

Glossário de siglas e termos da gestação

Neste glossário estão reunidos termos e siglas já explorados no livro, além de outros que podem aparecer em exames de pré-natal, consultas de rotina e publicações relacionadas ao desenvolvimento gestacional.

Acrossoma: estrutura na região frontal da cabeça do espermatozoide. Contém substâncias que são liberadas na fecundação para digerir as células ao redor do óvulo.

AD: átrio direito, região do coração visualizada em exames de ecocardiograma fetal.

AE: átrio esquerdo, região do coração visualizada em exames de ecocardiograma fetal.

AFP: alfafetoproteína, proteína produzida pelo feto, principalmente em seu fígado. A dosagem de AFP é usada para avaliar algumas alterações do feto, como defeitos do tubo neural.

AIG: adequado para a idade gestacional.

Âmnio: membrana de células que envolve o embrião e contém o líquido amniótico.

Amniocentese: procedimento que retira uma amostra do líquido amniótico para avaliação de possíveis alterações fetais.

Aspermia: ausência de sêmen ejaculado.

Astenozoospermia: ausência ou grande redução da motilidade dos espermatozoides.

AVF: anteversoflexão. Posição anatômica comum do útero, visualizada em exames de ultrassom.

Azoospermia: ausência de espermatozoides no sêmen.

BCF: batimentos cardíacos fetais, medida comum nos ultrassons gestacionais. Normalmente o número de BCFs acompanha a sigla BPM (batimentos por minuto).

Beta hCG: hormônio gonadotrofina coriônica humana, produzido por um grupo de células do embrião no início de sua implantação no útero; sua dosagem é feita nos testes de gravidez.

Glossário de siglas e termos da gestação   249

CA: circunferência abdominal, medida em exames de ultrassom do feto.

CC: circunferência craniana, medida em exames de ultrassom do feto. Dependendo do contexto, a sigla pode também significar cama compartilhada (quando o bebê dorme na mesma cama da mãe, pai ou cuidador).

CCN: comprimento cabeça-nádegas, medido em exames de ultrassom para calcular o tamanho do embrião ou feto.

Célula germinativa: célula que dá origem aos gametas.

CMV: citomegalovírus, sorologia feita na rotina do pré-natal, já que a infecção por CMV pode provocar problemas no feto.

Córion: membrana que envolve o embrião e os demais anexos embrionários.

Corpo lúteo: estrutura formada no ovário durante a fase lútea do ciclo menstrual. Produz estrogênio e progesterona, mantendo as condições favoráveis para a implantação do embrião no endométrio.

DBP: diâmetro biparietal, medido em exames de ultrassom do feto. É a distância entre as regiões parietais (laterais) do crânio, ou seja, de um lado a outro da cabeça do feto.

DG: diabetes gestacional.

DNV: declaração de nascido vivo, documento provisório para identificar o recém-nascido; é necessária para fazer a certidão de nascimento em um cartório de registro civil.

DOF: diâmetro occipito-frontal, medido em exames de ultrassom. É a distância entre as regiões occipital (traseira) e frontal do crânio do feto.

DOPPLER: geralmente referência ao exame de ultrassonografia que avalia a circulação sanguínea do feto.

DPP: data provável de parto.

DUM: data da última menstruação.

DV: ducto venoso, vaso sanguíneo do feto que leva sangue até o coração.

EO: enfermeira obstétrica.

Fase folicular: fase do ciclo menstrual na qual ocorrem o amadurecimento dos folículos e a liberação do óvulo.

Fase lútea: fase do ciclo menstrual na qual ocorre a formação do corpo lúteo; inicia-se após a ovulação e termina na menstruação.

FIV: fertilização in vitro.

250 *A ciência da gestação*

Folhetos germinativos: também chamados de folhetos embrionários; três camadas de células (ectoderme, mesoderme e endoderme) originadas na gastrulação e que formarão os tecidos do corpo.

Folículo: folículos ovarianos, estruturas presentes nos ovários e constituídas por camadas de células que revestem os oócitos.

Fragmentação de DNA espermático: exame a ser realizado com uma amostra de sêmen e que analisa a qualidade do DNA dos espermatozoides.

Gametas: células sexuais. Contêm metade do conjunto de cromossomos da espécie (23 cromossomos em humanos) e se fundem na fecundação; óvulo e espermatozoide são os gametas feminino e masculino, respectivamente.

Gastrulação: processo de movimentação celular que resulta na formação de três folhetos embrionários ou germinativos; ocorre na terceira semana do desenvolvimento embrionário humano.

GIG: grande para a idade gestacional.

GO: ginecologista obstetra.

Hipospermia: baixo volume de sêmen ejaculado.

IA: inseminação artificial. Pode designar também introdução alimentar, que é iniciada geralmente aos seis meses de idade do bebê.

ICSI: injeção intracitoplasmática de espermatozoides, procedimento realizado em alguns casos de FIV, no qual o espermatozoide é diretamente injetado no óvulo.

IG: idade gestacional.

IIC: incompetência ou insuficiência istmocervical, dilatação do colo uterino antes do final da gravidez.

ILA: índice de líquido amniótico. Pode ser classificado em normal, oligoidrâmnio (diminuído) ou polidrâmnio (aumentado).

LD: livre demanda, i. e., amamentação sem horário fixo, realizada conforme a demanda do bebê.

LM: leite materno.

Morfológico: geralmente se refere ao exame de ultrassom que analisa detalhadamente a forma das estruturas fetais, realizado no primeiro e no segundo trimestres gestacionais.

Necrozoospermia: baixo percentual de espermatozoides vivos no sêmen.

NIPT: *non-invasiveprenataltesting* (teste pré-natal não invasivo), exame que detecta alterações cromossômicas e em certos genes no embrião.

Glossário de siglas e termos da gestação

251

OD: ovário direito.

OE: ovário esquerdo.

Oócito: óvulo; gameta feminino.

PA: pressão arterial.

PC: parto cesáreo; pode se referir também a perímetro cefálico.

PD: parto domiciliar.

PIG: pequeno para a idade gestacional.

PN: parto normal.

PP: placenta prévia, i. e., fixação da placenta próxima ao colo do útero.

RA: reprodução assistida.

RCIU: restrição do crescimento intrauterino; condição em que o feto não atinge o crescimento esperado para a idade gestacional.

Reserva ovariana: quantidade de folículos ainda presentes nos ovários; é um marcador da fertilidade da mulher.

RN: recém-nascido.

SG: saco gestacional.

Sinciciotrofoblasto: camada de células originadas do trofoblasto; forma uma grande massa com muitos núcleos de células e invade o endométrio uterino na implantação.

SOP: síndrome dos ovários policísticos.

TB: temperatura basal.

Teratozoospermia: também conhecida por teratospermia; condição na qual grande parte dos espermatozoides tem morfologia anormal.

TN: translucência nucal; medida em exame de ultrassom do primeiro trimestre, é um dos parâmetros usados para avaliar a probabilidade de cromossomopatias.

TOTG: teste oral de tolerância à glicose, avaliação da glicemia em tempos determinados após a ingestão de uma solução de glicose; exame importante para o diagnóstico de diabetes gestacional.

TP: trabalho de parto.

Transdutor: acessório do equipamento de ultrassom que emite as ondas sonoras. Nas ultrassonografias gestacionais são utilizados transdutores extracorpóreos (colocados sobre a barriga) e transvaginais (introduzidos na vagina).

Transferência embrionária: procedimento realizado na FIV para transferir os embriões para o útero materno.

Trofoblasto: conjunto de células trofoblásticas; a parte mais externa do blastocisto e que contribui para a formação da placenta. Divide-se em citotrofoblasto, sinciciotrofoblasto e trofoblasto extraviloso.

UPM: último período menstrual.

US ou USG: ultrassom.

VBAC: *vaginal birthaftercesarean*, parto vaginal pós-cesárea (ou seja, que ocorre após a mãe já ter feito uma cesárea).

VD: ventrículo direito, região do coração visualizada em exames de ecocardiograma fetal.

VE: ventrículo esquerdo, região do coração visualizada em exames de ecocardiograma fetal.

VO: violência obstétrica.

Referências bibliográficas

1. De onde viemos [pp. 15-39]

Alberts, Bruce et al. *Molecular Biology of the Cell*, 4. ed. Nova York: Garland Science, 2002.

Altmäe, Signe, Ganesh Acharya e Andres Salumets. "Celebrating Baer — a Nordic Scientist Who Discovered the Mammalian Oocyte", *Acta Obstetricia et Gynecologica Scandinavica*, v. 96, n. 11, out. 2017, pp. 1281-2.

Andrade-Rocha, Fernando Tadeu. "On the Origins of the Semen Analysis: A Close Relationship with the History of the Reproductive Medicine", *Journal of Human Reproductive Sciences*, v. 10, n. 4, out/dez. 2017, pp. 242-55.

Bianchi, Enrica et al. "Juno Is the Egg Izumo Receptor and Is Essential for Mammalian Fertilization", *Nature*, v. 508, abr. 2014, pp. 483-7.

Brännström, Mats et al. "Livebirth after Uterus Transplantation", *Lancet*, v. 385, n. 9968, fev. 2015, pp. 607-16.

_____. "Uterus Transplantation: From Research, Through Human Trials and into the Future", *Human Reproduction Update*, v. 29, n. 5, set. 2023, pp. 521-44.

Capanna, Ernesto."Lazzaro Spallanzani: At the Roots of Modern Biology", *Journal of Experimental Zoology*, v. 285, n. 3, 1999, pp. 178-96.

Clarke, Gary N. "A.R.T. and History, 1678-1978", *Human Reproduction*, v. 21, n. 7, jul. 2006, pp. 1645-50.

Cobb, Matthew. "An Amazing 10 Years: The Discovery of Egg and Sperm in the 17th Century", *Reproduction in Domestic Animals*, v. 47, n. 4, 2012, pp. 2-6.

Committee of Dutch Scientists. *The Collected Letters of Antonj van Leeuwenhoek*. Amsterdam: Swetz & Zeitlinger, 1941.

Ejzenberg, Dani et al. "Livebirth after Uterus Transplantation from a Deceased Donor in a Recipient with Uterine Infertility", *Lancet*, v. 392, n. 10165, dez. 2022, pp. 2697-704.

Elder, Kaye Martin H. Johnson. "The Oldham Notebooks: An Analysis of the Development of IVF 1969-1978", *Reproductive Biomedicine & Society Online*, v. 1, n. 1, jun. 2015, pp. 3-8.

Fayomi, Adetunji P. et al. "Autologous Grafting of Cryopreserved Prepubertal Rhesus Testis Produces Sperm and Offspring", *Science*, v. 363, n. 6433, mar. 2019, pp. 1314-9.

Fitzpatrick, John L. "Chemical Signals from Eggs Facilitate Cryptic Female Choice in Humans", *Proceedings of the Royal Society B: Biological Sciences*, v. 287, n. 1928, 2020.

Georgadaki, Katerina et al. "The Molecular Basis of Fertilization (Review)", *International Journal of Molecular Medicine*, v. 38, n. 4, 2016, pp. 979-86.

Gilbert, Scott F. e Michael J. Barresi. *Biologia do desenvolvimento*, 11. ed, Porto Alegre: Artmed, 2018.

Hughes, Ed e Roger Pierson. "All Things Come from Egg", *Journal of Obstetrics and Gynaecology Canada*, v. 35, n. 1, 2013, p. 96.

Inoue, Naokazu et al. "The Immunoglobulin Superfamily Protein Izumo Is Required for Sperm to Fuse with Eggs", *Nature*, v. 434, n. 7030, mar. 2005, pp. 234-8.

Johnson, Martin H. "Robert Edwards: The Path to IVF", *Reproductive Biomedicine Online*, v. 23, n. 2, pp. 245-62, ago. 2011.

Kamel, Remah Moustafa. "Assisted Reproductive Technology After the Birth of Louise Brown", *Journal of Reproduction & Infertility*, v. 14, n. 3, jul. 2013, pp. 96-109.

Larose, Hailey et al. "Gametogenesis: A Journey from Inception to Conception", *Current Topics in Developmental Biology*, v. 132, 2019, pp. 257-310.

Marin, Loris et al. "History, Evolution and Current State of Ovarian Tissue Auto-Transplantation with Cryopreserved Tissue: A Successful Translational Research Journey from 1999 to 2020", *Reproductive Sciences*, v. 27, n. 4, abr. 2020, pp. 955-62.

Niederberger, Craig et al. "Forty Years of IVF", *Fertility and Sterility*, v. 110, n. 2, jul. 2018, pp. 185-324.

Palermo, Gianpiero et al. "Pregnancies After Intracytoplasmic Injection of Single Spermatozoon into an Oocyte", *The Lancet*, v. 340, n. 8810, jul. 1992, pp. 17-8.

Penna, Tullia. "Lazzaro Spallanzani: Pioneer of Artificial Insemination, Multidisciplinary Research, and Scientific Dissemination", *History and Philosophy of Medicine*, v. 4, n. 4, 2022.

Pérez-Cerezales, Serafín, Sergii Boryshpolets e Michael Eisenbach. "Behavioral Mechanisms of Mammalian Sperm Guidance", *Asian Journal of Andrology*, v. 17, n. 4, maio 2015, pp. 628-32.

Ribatti, Domenico. "An Historical Note on the Cell Theory", *Experimental Cell Research*, v. 364, n. 1, mar. 2018, pp. 1-4.

Saitou, Mitinori e Katsuhiko Hayashi. "Mammalian in Vitro Gametogenesis", *Science*, v. 374, n. 6563, out. 2021.

Short, R. V. "Where do Babies Come From?", *Nature*, v. 403, n. 6771, fev. 2000, p. 705.

Siu, Karen K. et al. "The Cell Biology of Fertilization: Gamete Attachment and Fusion", *The Journal of Cell Biology*, v. 220, n. 10, out. 2021.

Spallanzani, Lazzaro. *Dissertazioni di fisica animale e vegetabile. Della fecondazione artificiale ottenta in alcuni animali*, 1780. Disponível em: <bibdig.museogalileo.it/tecanew/opera?bid=323985_2&seq=1>. Acesso em: 9 jan. 2025. Revisado em: Penna, Tullia. "Lazzaro Spallanzani: Pioneer of Artificial Insemination, Multidisciplinary Research, and Scientific Dissemination", *History and Philosophy of Medicine*, v. 4, n. 4, 2022, p. 27.

_____. *Dissertations Relative to the Natural History of Animals and Vegetables*. Londres: Murray, 1784. Disponível em: <www.biodiversitylibrary.org/item/99038#page/26/mode/1up>. Acesso em: 9 jan. 2025. Revisado em: Weiss, Kenneth. "The Frog in the Taffeta Pants", *Evolutionary Anthropology*, v. 13, 2004, pp. 5-10.

Suárez, Jenniffer Puerta, Stefan S. du Plessis e Walter D. Cardona Maya. "Spermatozoa: A Historical Perspective", *International Journal of Fertility & Sterility*, v. 12, n. 3, jun. 2018, pp. 182-90.

Testa, Giuliano et al. "First Live Birth After Uterus Transplantation in the United States", *American Journal of Transplantation*, v. 18, n. 5, maio 2018, pp. 1270-4.

_____. "Uterus Transplant in Women With Absolute Uterine-Factor Infertility", *Jama*, v. 332, n. 10, 2024, pp. 817-24.

Thomas, Christopher et al. "Ex Vivo Imaging Reveals the Spatiotemporal Control of Ovulation", *Nature Cell Biology*, v. 26, n. 11, nov. 2024, pp. 1997-2008.

Wallingford, John B. "Aristotle, Buddhist Scripture and Embryology in Ancient Mexico: Building Inclusion by Re-thinking What Counts as the History of Developmental Biology", *Development*, v. 148, n. 3, fev. 2021.

Weiss, Kenneth. "The Frog in Tafetta Pants", *Evolutionary Anthropology*, v. 13, 2004, pp. 5-10.

2. O embrião [pp. 40-67]

Amadei, Gianluca et al. "Embryo Model Completes Gastrulation to Neurulation and Organogenesis", *Nature*, v. 610, n. 7930, 2022, pp. 143-53.

Ball, Phillip. "Most Advanced Synthetic Human Embryos Yet Spark Controversy", *Nature*, v. 618, n. 7966, 2023, pp. 653-4.

Bolton, Helen et al. "Mouse Model of Chromosome Mosaicism Reveals Lineage-specific Depletion of Aneuploid Cells and Normal Developmental Potential", *Nature Communication*, v. 7, n. 11 165, 2016.

Braunstein, Glenn D. "The Long Gestation of the Modern Home Pregnancy Test", *Clinical Chemistry*, v. 60, n. 1, 2014, pp. 18-21.

Caffrey, Aoife et al. "Effects of Maternal Folic Acid Supplementation During the Second and Third Trimesters of Pregnancy on Neuro-cognitive Development in the Child: An 11-Year Follow-up from a Randomised Controlled Trial", *BMC Medicine*, v. 19, n. 1, mar. 2021, p. 73.

Cowan D. F. "The Wonder Water: A Short Historical Essay on Urine". *Canadian Journal of Comparative Medicine and Veterinary Science*, v. 24, jul. 1960.

Crane, Margaret. Record Predictor Pregnancy Test, Collections Search Center, Smithsonian Institution. Disponível em: <collections.si.edu/search/detail/edanmdm:nmah_1817638>. Acesso em: 9 jan. 2025.

Crider, Krista S., Lynn B. Bailey e Robert J. Berry. "Folic Acid Food Fortification: Its History, Effect, Concerns, and Future Directions", *Nutrients*, v. 3, n. 3, 2011, pp. 370-84.

Eknoyan, Garabed. "Looking at the Urine: The Renaissance of an Unbroken Tradition", *American Journal of Kidney Diseases*, v. 49, n. 6, 2007, pp. 865-72.

Ettinger, G. H., G. L. Smith e E. W. McHenry. "The Diagnosis of Pregnancy with the Aschheim-Zondek Test", *Canadian Medical Association Journal*, v. 24, 1931, pp. 491-22.

Referências bibliográficas

Evans, Herbert M. e Miriam E. Simpson. "Aschheim-Zondek Test for Pregnancy: Its Present Status", *California and Western Medicine*, v. 3, 1930, p. 145.

Faircloth, Kelly. "The First At-Home Pregnancy Tests Faced a Big Hurdle: Execs and Regulators Didn't Trust Women", *Pictorial*, maio 2019.

Ferretti, Anabel C. et al. "Molecular Circuits Shared by Placental and Cancer Cells, and Their Implications in the Proliferative, Invasive and Migratory Capacities of Trophoblasts", *Human Reproduction Update*, v. 13, n. 2, mar./abr. 2007, pp. 121-41.

Flierman, Sander et al. "Discrepancies in Embryonic Staging: Towards a Gold Standard", *Life (Basel)*, v. 13, n. 5, abr. 2023, p. 1084.

Ghalioungui, Paul, S. Khalil e A. R. Ammar. "On an Ancient Egyptian Method of Diagnosing Pregnancy and Determining Foetal Sex", *Medical History*, v. 7, n. 3, 1963, pp. 241-6.

Gilbert, Scott F. e Michael J. Barresi. *Biologia do desenvolvimento*, 11. ed, Porto Alegre: Artmed, 2018.

Hopwood, Nick. "'Not Birth, Marriage or Death, but Gastrulation': The Life of a Quotation in Biology", *British Journal for the History of Science*, v. 55, n. 1, mar. 2022, pp. 1-26.

Imbard, Apolline, Jean-François Benoist e Henk J. Blom. "Neural Tube Defects, Folic Acid and Methylation", *International Journal of Environmental Research Public Health*, v. 10, n. 9, set. 2013, pp. 4352-89.

Kloesel, Benjamin, James A. Di Nardo e Simon C. Body. "Cardiac Embryology and Molecular Mechanisms of Congenital Heart Disease: A Primer for Anesthesiologists", *Anesthesia and Analgesia*, v. 123, n. 3, set. 2016, pp. 551-69.

Leavitt, Sarah. "A Private Little Revolution: The Home Pregnancy Test in American Culture", *Bulletin of the History of Medicine*, v. 80, n. 2, verão 2006, pp. 317-45.

Leung, Kit-Yi al. "Nucleotide Precursors Prevent Folic Acid-resistant Neural Tube Defects in the Mouse", *Brain*, v. 136, pt. 9, set. 2013, pp. 2836-41.

Lis, Kinga. "From Cereal Grains to Immunochemistry: What Role Have Antibodies Played in the History of the Home Pregnancy Test", *Antibodies (Basel)*, v. 12, n. 3, ago. 2023, p. 56.

Liu, Lizhong e Aryeh Warmflash. "Self-organized Signaling in Stem Cell Models of Embryos", *Stem Cell Reports*, v. 16, n. 5, maio 2021, pp. 1065-77.

Moore, Keith L., T. V. N. Persaud e Mark G. Torchia. *Embriologia básica*, 9. ed., Rio de Janeiro: Guanabara Koogan, 2016.

Moser, Gerit et al. "Human Trophoblast Invasion: New and Unexpected Routes and Functions", *Histochemistry and Cell Biology*, v. 150, n. 4, 2018, pp. 361-70.

Moussa, Hind et al."Folic Acid Supplementation: What Is New? Fetal, Obstetric, Long-term Benefits and Risks", *Future Science* AO, v. 2, n. 2, abr. 2016.

MRC Vitamin Study Research Group. "Prevention of Neural Tube Defects: Results of the Medical Research Council Vitamin Study", *Lancet*, v. 338, n. 8760, 1991, pp. 131-7.

Norris, Dominic P. "Cilia, Calcium and the Basis of Left-right Asymmetry", *BMC Biology*, v. 10, n. 102, 2012.

Oldak, Bernardo et al. "Complete Human Day 14 Post-implantation Embryo Models from Naïve ES Cells", *Nature*, v. 622, set. 2023, pp. 562-73.

Piechowski, Jean. "Plausibility of Trophoblastic-like Regulation of Cancer Tissue", *Cancer Management and Research*, v. 11, maio 2019, pp. 5033-46.

Politzer, W. M. "Pregnancy Diagnosis: Haemagglutination Inhibition Method (Prepuerin) Compared With the Xenopus Laevis Test", *South African Medical Journal*, v. 7, n. 37, 1963, pp. 905-10.

Roffman, Joshua L. "Neuroprotective Effects of Prenatal Folic Acid Supplementation: Why Timing Matters", *Jama Psychiatry*, v. 75, n. 7, jul. 2018, pp. 747-8.

Rudloff, Udo e Hans Ludwig. "Jewish Gynecologists in Germany in the First Half of the Twentieth Century", *Archives of Gynecology and Obstetrics*, v. 272, n. 4, out. 2005, pp. 245-60.

Sadava, David et al. *Life: The Science of Biology*, 8. ed. Nova York: W. H. Freeman, 2006, pp. 911-2.

Shahbazi, Marta N. et al. "Self-organization of the Human Embryo in the Absence of Maternal Tissues", *Nature Cell Biology*, v. 18, n. 6, 2016, pp. 700-8.

Silva Junior, José Simões e. *Contribuição regional ao Teste de Galli- -Mainini*. Tese (Doutorado em Ciências Médico-Cirúrgicas). Salvador: Universidade Federal da Bahia, 1951.

Referências bibliográficas

Singla, Shruti et al. "Autophagy-mediated Apoptosis Eliminates Aneuploid Cells in a Mouse Model of Chromosome Mosaicism", *Nature Communications*, v. 11, n. 1, 2020, p. 2958.

Stone, Belo. "Clinical Value of the Aschheim-Zondek Test for Pregnancy", *Southern Medical Journal*, v. 23, 1930, pp. 747-8.

Tarazi, Shadi et al. "Post-gastrulation Synthetic Embryos Generated Ex Utero from Mouse Naive ESCS", *Cell*, v. 185, n. 18, set. 2022, pp. 3290-3306.e25.

Tickle, Cherryll e Jonathan Slack. "Lewis Wolpert (1929-2021)", *Science*, v. 371, n. 6535, 2021, p. 1208.

Tinsley, Richard et al. "Chytrid Fungus Infections in Laboratory and Introduced *Xenopuslaevis* Populations: Assessing the Risks for U. K. Native Amphibians", *Biological Conservation*, v. 184, 2015, pp. 380-8.

Wald, Nicholas J. "Commentary: A Brief History of Folic Acid in the Prevention of Neural Tube Defects", *International Journal of Epidemiology*, v. 40, n. 5, out. 2011, pp. 1154-6.

Weatherbee, Bailey A. T. et al. "Transgene Directed Induction of a Stem Cell-derived Human Embryo Model", *Nature*, v. 622, 2023, pp. 584-93.

Vredenburg, Vance et al. *"Prevalence of Batrachochytrium dendrobatidis in Xenopus Collected in Africa (1871-2000) and in California (2001-2010)"*, PLoS One, v. 8, n. 5, maio 2013, p. e63 791.

Zhang, Shuang et al. "Physiological and Molecular Determinants of Embryo Implantation", *Molecular Aspects of Medicine*, v. 34, n. 5, out. 2013, pp. 939-80.

3. O feto [pp. 68-89]

Aagaard, Kjersti et al. "The Placenta Harbors a Unique Microbiome", *Science Transnational Medicine*, v. 6, n. 237, maio 2014, p. 237ra65.

Ackerman, Sandra. *Discovering the Brain*, Washington (DC): National Academies Press, 1992, cap. 6 ("The Development and Shaping of the Brain"). Disponível em: <www.ncbi.nlm.nih.gov/books/NBK234146/>. Acesso em: 9 jan. 2025.

Bamalan, Omar A., Marlyn J. Moore e Ritesh G. Menezes. "Vernix Caseosa", *Stat Pearls* [*Internet*], Treasure Island (FL): Stat Pearls Publishing, 2023. Disponível em: <www.ncbi.nlm.nih.gov/books/NBK559238/>. Acesso em: 9 jan. 2025.

De Goffau, Marcus C. et al. "Human Placenta Has No Microbiome But Can Contain Potential Pathogens", *Nature*, v. 572, jul. 2019, pp. 329-34.

Devaney, S. A. et al. "Non Invasive Fetal Sex Determination Using Cell-Free Fetal DNA: A Systematic Review and Meta-analysis", *Nature*, v. 306, n. 6, jul. 2019, pp. 627-36.

Doğan Merih, Yeliz, Ayşegül Alioğulları e Dilek Coşkuner Potur. "The Effect of Vernix Caseosa in Preventing Nipple Problems Among Early Postpartum Women: A Randomized-controlled Single-blind Clinical Trial", *Complementary Therapies in Clinical Practice*, v. 45, nov. 2021, p. 101475.

Dubil, Elizabeth A. e Everett F. Magann. "Amniotic Fluid as a Vital Sign For Fetal Well-being", *Australasian Journal of Ultrasound in Medicine*, v. 16, n. 2, dez. 2015, pp. 62-70.

Edwards, Zosia. *The Medieval Pregnancy Test: Diagnosing Pregnancy and Predicting the Child's Sex in Later Medieval Europe*. Tese (Departamento de História). University of London, 2020.

Faas, Anna E. et al. "Alcohol Odor Elicits Appetitive Facial Expressions in Human Neonates Prenatally Exposed to the Drug", *Physiology & Behavior*, v. 1, n. 148, set. 2015, pp. 78-86.

Fitzsimmons, Emilye Tushar Bajaj. "Embryology, Amniotic Fluid", *Stat Pearls [Internet]*, Treasure Island (FL): Stat Pearls Publishing, 2023.

Gilbert, Scott F. e Michael J. Barresi. *Biologia do desenvolvimento*, 11. ed, Porto Alegre: Artmed, 2018.

Graven, S. N. "Sound and the Developing Infant in the NICU: Conclusions and Recommendations for Care". *Journal of Perinatology*, v. 20, n. 8, pt. 2, dez. 2000, pp. S88-93.

Haanen, Clemense I. Vermes. "Apoptosis: Programmed Cell Death in Fetal Development", *European Journal of Obstetrics, Gynecology and Reproductive Biology*, v. 64, n. 1, jan. 1996, pp. 129-33.

Hashimoto, B. E., Dawna J. Kramer e L. Brennan. "Amniotic Fluid Volume: Fluid Dynamics and Measurement Technique", Seminars Ultrasound, CT, and MR, v. 14, n. 1, fev. 1993, pp. 40-55.

Hickman, Brandon et al. "Gut Microbiota Wellbeing Index Predicts Overall Health in a Cohortof 1000 Infants", *Nature Communications*, v. 15, n. 1, set. 2024, p. 8323.

Katsis, Andrew et al. "Prenatal Exposure to Incubation Calls Affects Song Learning in the Zebra Finch", *Scientific Reports*, v. 8, n. 15 232, 2018.

Kennedy, Katherine et al. "Questioning the Fetal Microbiome Illustrates Pitfalls of Low-biomass Microbial Studies", *Nature*, v. 613, n. 7945, jan. 2023, pp. 639-49.

Kostović, Ivica et al. "Fundamentals of the Development of Connectivity in the Human Fetal Brain in Late Gestation: From 24 Weeks Gestational Age to Term", *Journal of Neuropathology Experminetal Neurology*, v. 80, n. 5, abr. 2021, pp. 393-414.

Krueger, Charlene, Elan Horesh e Brian Adam Crossland. "Safe Sound Exposure in the Fetus and Preterm Infant", *Journal of Obstetric, Gynecologic and Neonatal Nursing*, v. 41, n. 2, mar. 2012, pp. 166-70.

López Lloreda, Claudia. "Swabbing c-Section Babies with Mom's Microbes Can Restore Healthy Bacteria", *Science News*. Disponível em: <www.science.org/content/article/swabbing-c-section-babies-moms-microbes-can-restore-healthy-bacteria>. Acesso em: 9 jan. 2025.

Mardini, Joelle et al. "Newborn's First Bath: Any Preferred Timing? A Pilot Study from Lebanon", *BMC Research Notes*, v. 13, n. 1, set. 2020, p. 430.

Mennella, Julie A., A. Johnson e G. K. Beauchamp. "Garlic Ingestion by Pregnant Women Alters the Odor of Amniotic Fluid", *Chemical Senses*, v. 20, n. 2, abr. 1995, pp. 207-9.

Miller, Sarah Alison. *Virgins, Mothers, Monsters: Late-Medieval Readings of the Female Body Out of Bounds*. Dissertação (College of Artsand Sciences, Department of English and Comparative Literature). Universidade da Carolina do Norte em Chapel Hill, 2008.

Moon, Christine, Randall C. Zernzach e Patricia K. Kuhl. "Mothers Say 'Baby' and Their Newborns do Not Choose to Listen: A Behavioral Preference Study to Compare with ERP Results" *Frontiers in Human Neuroscience*, v. 9, mar. 2015, p. 153.

Moore, Keith L., T. V. N. Persaud e Mark G. Torchia. *Embriologia básica*, 9. ed., Rio de Janeiro: Guanabara Koogan, 2016.

Moore, Rebecca E. e Steven D. Townsend. "Temporal Development of the Infant Gut Microbiome", *Open Biology*, set. 2019.

Movalled, Kobra et al. "The Impact of Sound Stimulations During Pregnancy on Fetal Learning: A Systematic Review", *BMC Pediatrics*, v. 23, n. 183, abr. 2023.

Nemec, Stefan F. et al. "Male Sexual Developmentin Utero: Testicular Descenton Prenatal Magnetic Resonance Imaging", *Ultrasound in Obstetrics & Gynecology*, v. 38, n. 6, 2011, pp. 688-94.

Nishijima, Koji et al. "Interactions Among Pulmonary Surfactant, Vernix Caseosa, and Intestinal Enterocytes: Intra-amniotic Administration of Fluorescently Liposomes to Pregnant Rabbits", *American Journal of Physiology. Lung Cellular and Molecular Physiology*, v. 303, n. 3, ago. 2012, pp. L208-14.

Nuriel-Ohayon, Meital, Hadar Neuman e Omry Koren. "Microbial Changes during Pregnancy, Birth, and Infancy", *Frontiers in Microbiology*, v. 7, n. 1031, jul. 2016.

Park, Jee Yoon et al. "Comprehensive Characterization of Maternal, Fetal, and Neonatal Microbiomes Supports Prenatal Colonization of the Gastrointestinal Tract", *Scientific Reports*, v. 13, n. 1, mar. 2023, p. 4652.

Reissland, Nadja et al. "Do Facial Expressions Develop Before Birth?", *PLoS One*, v. 6, n. 8, 2011, p. e24081.

Rutayisire, Erigene et al. "The Mode of Delivery Affects the Diversity and Colonization Pattern of the Gut Microbiota During the First Year Of Infants' Life: A Systematic Review", *BMC Gastroenterology*, v. 16, n. 1, 2016, p. 86.

Schoenwolf, Gary C. et al. *Larsen embriologia humana*. 5. ed. Rio de Janeiro: Guanabara Koogan, 2015.

Shao, Yan et al. "Stunted Microbiota and Opportunistic Pathogen Colonization in Caesarean-section Birth", *Nature*, v. 574, 2019, pp. 117-21. Disponível em: <www.nature.com/articles/s41586-019-1560-1>. Acesso em: 9 jan. 2025.

Wang, Dong Hao et al. "Sea Lions Develop Human-like Vernix Caseosa Delivering Branched Fats and Squalene to the GI Tract", *Scientific Reports*, v. 8, n. 1, maio 2018, p. 7478.

Wellner, Karen. "A History of Embryology (1959), by Joseph Needham", *Embryo Project Encyclopedia*, jun. 2010. Disponível em: <embryo.asu.edu/handle/10776/2031>. Acesso em: 9 jan. 2025.

Wright, Caroline F. et al. "Non-invasive Prenatal Diagnostic Test Accuracy for Fetal Sex Using Cell-free DNA a Review and Meta-analysis", *BMC Research Notes*, v. 5, n. 476, 2012.

Zakis, Davis R. et al. "The Evidence for Placental Microbiome and its Composition in Healthy Pregnancies: A Systematic Review", *Journal of Reproductive Immunology*, v. 149, fev. 2022, p. 103455.

4. A placenta [pp-90-112]

Amato-Lourenço, Luís Fernando et al. "Presence of Airborne Microplasticc in Human Lung Tissue", *Journal of Hazardous Materials*, v. 416, ago. 2021, p. 126124.

Benyshek, Daniel C., Marit L. Bovbjerg e Melissa Cheyney. "Comparison of Placenta Consumers' and Non-consumers' Postpartum Depression Screening Results Using EPDS in US Community Birth Settings (n=6038): A Propensity Score Analysis", *BMC Pregnancy Childbirth*, v. 23, n. 1, 2023, p. 534.

Botelle, Riley e Chris Willott. "Birth, Attitudes and Placentophagy: A Thematic Discourse Analysis of Discussions on UK Parenting Forums", *BMC Pregnancy Childbirth*, v. 20, n. 1, mar. 2020, p. 134.

Branche, Tonia et al. "Potential Implications of Emerging Non-traditional Child birth Practices On Neonatal Health", *The Journal of Pediatrics*, v. 261, out. 2023, p. 113338.

Brasil. Ministério da Saúde. Secretaria de Vigilância em Saúde. Departamento de Vigilância das Doenças Transmissíveis. *Talidomida: Orientação para o uso controlado*. Brasília: Ministério da Saúde, 2014.

Braun, Thorsten et al. "Detection of Microplastic in Human Placenta and Meconium in a Clinical Setting", *Pharmaceutics*, v. 13, n. 7, jun. 2021, p. 921.

Browne, Janet. "Botany for Gentlemen: Erasmus Darwin and The Loves of the Plants'", *Isis*, v. 80, n. 4, 1989, pp. 593-621.

Burton, Graham J. e Eric Jauniaux. "The Human Placenta: New Perspectives on its Formation and Function During Early Pregnancy", *Proceedings of Biological Sciences*, v. 290, n. 1997, abr. 2023.

Buser, Genevieve L. "Notes from the Field: Late-Onset Infant Group B Streptococcus Infection Associated with Maternal Consumption of Capsules Containing Dehydrated Placenta — Oregon, 2016", *Morbidity and Mortality Weekly Report*, v. 66, n. 25, jun. 2017, pp. 677-8. Disponível em: <www.cdc.gov/mmwr/volumes/66/wr/mm6625a4.htm>. Acesso em: 9 jan. 2025.

Chuong, Edward B. "The Placenta Goes Viral: Retroviruses Control Gene Expression in Pregnancy", *PLoS Biology*, v. 16, n. 10, out. 2018.

Darwin, Erasmus."Of the Oxygenation of the Bloodin the Lungs, and in the Placenta", *Zoonomia; or The Laws of Organic Life*, 1794. Disponível em: <darwin-online.org.uk/converted/pdf/1794_Zoonomia_A967.1.pdf>. Acesso em: 9 jan. 2025.

Dusza, Hanna M. et al. "Experimental Human Placental Models for Studying Uptake, Transport and Toxicity of Micro-and Nanoplastics", *Science of Total Environment*, v. 860, fev. 2023.

Frank, John A. et al. "Evolution and Antiviral Activity of a Human Protein of Retroviral Origin", *Science*, v. 378, n. 6618, 2022, pp. 422-8.

Hashizume, R. et al. "Trisomic Rescue via Allele-specific Multiple Chromosome Cleavage Using CRISPR-Cas9 in Trisomy 21 Cells", *PNAS Nexus*, v. 4, n. 2, fev. 2025.

Hayes, Emily Hart. "Placentophagy, Lotus Birth, and Other Placenta Practices: What Does the Evidence Tell Us?", *The Journal of Perinatal & Neonatal Nursing*, v. 33, n. 2, abr./jun. 2019, pp. 99-102.

Herrick, Elizabeth J. e Bruno Bordoni. "Embryology, Placenta", *Stat Pearls [Internet]*. Treasure Island (FL): Stat Pearls Publishing, 2023.

Iyer, C. G. et al. "WHO Co-ordinated Short-Term Double-blind Trial with Thalidomide in the Treatment of Acute Lepra Reactions in Male Lepromatous Patients", *Bulletin of the World Health Organization*, v. 45, n. 6, 1971, pp. 719-32.

Johnson, Sophia K. et al. "Human Placentophagy: Effects of Dehydration and Steaming on Hormones, Metals and Bacteria in Placental Tissue", *Placenta*, v. 67, jul. 2018, pp. 8-14.

_____. "Impact of Tissue Processing on Microbiological Colonization in the Context of Placentophagy", *Scientific Reports*, v. 12, n. 1, 2022, p. 5307.

_____. "Placenta: Worth Trying? Human Maternal Placentophagia: Possible Benefit and Potential Risks", *Geburtshilfe Frauenheilkunde*, v. 78, n. 9, 2018, pp. 846-52.

Kristal, Mark B., Jean M. Di Pirro e Alexis C. Thompson. "Placentophagia in Humans and Nonhuman Mammals: Causes and Consequences", *Ecology of Food and Nutrition*, v. 51, n. 3, 2012, pp. 177-97.

Liu, Shaojie et al. "The Association Between Microplastics and Microbiota in Placentas and Meconium: The First Evidence in Humans", *Environmental Science & Technology*, v. 57, n. 46, 2022, pp. 17774-85.

Long, Zhu et al. "Identification of Microplastics in Human Placenta Using Laser Direct Infrared Spectroscopy", *The Science of the Total Environment*, v. 856, 2023, p. 1.

Longo, Lawrence D. e Lawrence P. Reynolds. "Some Historical Aspects of Understanding Placental Development, Structure and

Function", *The International Journal of Developmental Biology*, v. 54, n. 2-3, 2010, pp. 237-55.

Malafaia, Guilherme. "A Commentary on the Paper 'Identification of Microplastics in Human Placenta Using Laser Direct Infrared Spectroscopy': Reflections on Identification and Typing of Microplastics in Human Biological Samples", *The Science of the Total Environment*, v. 875, 2023.

McBride, William G. "Thalidomide and Congenital Abnormalities", *Lancet*, v. 278, n. 7216, 1961, p. 1358.

Mir, Imran e Lina Chalak. "Placenta: 'The Least Understood Human Organ' — From Animistic Origins to Human Placental Project", Annals of Reproductive Medicine and Treatment, v. 2, n. 2, 2017, p. 1013.

Moro, Adriana e Noela Invernizzi. "The Thalidomide Tragedy: the Struggle for Victims' Rights and Improved Pharmaceutical Regulation", *História, Ciências, Saúde — Manguinhos*, v. 24, n. 3, jul./set. 2017, pp. 603-22.

Morris, Emily et al. "Matched Cohort Study of Post partum Placentophagy in Women With a History of Mood Disorders: No Evidence for Impacton Mood, Energy, Vitamin $B12$ Levels, or Lactation", *Journal of Obstetrics and Gynaecology Canada*, v. 41, n. 9, 2019, pp. 1330-7.

Mota-Rojas, Daniel et al. "Consumption of Maternal Placenta in Humans and Nonhuman Mammals: Beneficial and Adverse Effects", *Animals (Basel)*, v. 10, n. 12, dez. 2020, p. 2398.

Nichols, Emily S. et al. "T2* Mapping of Placental Oxygenation to Estimate Fetal Cortical and Subcortical Maturation", *Jama Network Open*, v. 7, n. 2, fev. 2024.

Pijnenborg, Roberte L. Vercruysse. "Erasmus Darwin's Enlightened Views on Placental Function", *Placenta*, v. 28, n. 8-9, ago./set. 2007, pp. 775-8.

Ragusa, Antonio et al. "Plastic, Microplastic, and the Inconsistency of Human Thought", *Frontiers Public Health*, v. 11, 2023.

_____. "Deeply in Plasticenta: Presence of Microplastics in the Intracellular Compartment of Human Placentas", *International Journal of Environmental Research Public Health*, v. 19, n. 18, 2022.

_____. "Raman Microspectroscopy Detection and Characterisation of Microplastics in Human Breastmilk", *Polymers (Basel)*, v. 14, n. 13, 2022.

Ragusa, Antonio et al. "Plasticenta: First Evidence of Microplastics in Human Placenta", *Environmental International*, v. 146, 2021.

Reardon, Sara. "Ancient Virus May Be Protecting the Human Placenta", *Science*, 2022.

Roberts, R. Michael, Jonathan A. Green e Laura C. Schulz. "The Evolution of the Placenta", *Reproduction*, v. 152, n. 5, nov. 2016.

Santos, Fernanda Avelar et al. "Plastic Debris Forms: Rock Analogues Emerging from Marine Pollution", *Marine Pollution Bulletin*, v. 182, set. 2022.

Schuler-Faccini, Lavinia et al. "New Cases of Thalidomide Embryopathy in Brazil", *Birth Defects Research. Part A, Clinical and Molecular Teratology*, v. 79, n. 9, set. 2007.

Stafford, Ned. "Obituaries. William McBride: Alerted the World at the Dangers of Thalidomide in Fetal Development", *BMJ*, 2018. Disponível em: <www.bmj.com/content/362/bmj.k3415/related>. Acesso em: 9 jan. 2025.

Stambough, Kathryn et al. "Maternal Placentophagy as a Possible Cause of Breast Budding and Vaginal Bleeding in a Breast-Fed 3-Month-Old Infant", *Journal of Pediatric and Adolescent Gynecology*, v. 32, n. 1, fev. 2019, pp. 78-9.

Turco, Marghuerita Y. et al. "Trophoblast Organoids as a Model for Maternal-fetal Interactions During Human Placentation", *Nature*, v. 564, n. 7735, dez. 2018, pp. 263-7.

Vianna, Fernanda Sales Luiz et al. "The Impact of Thalidomide Use in Birth Defects in Brazil", *European Journal of Medical Genetics*, v. 60, n. 1, jan. 2017, pp. 12-5.

Vogel, F. "Widukind Lenz", *European Journal of Human Genetics*, v. 3, 1995, pp. 384-7.

Woods, Laura, Vicente Perez-Garcia e Myriam Hemberger. "Regulation of Placental Development and Its Impacton Fetal Growth-New Insights From Mouse Models", *Front in Endocrinology (Lausanne)*, v. 9, set. 2018, p. 570.

Wooton, Nina, Patrick Reis-Santos e Bronwyn M. Gillanders. "Microplastic in Fish: A Global Synthesis", *Springer Nature*, v. 31, 2021, pp. 753-71.

Yang, Yunxiao et al. "Detection of Various Microplastics in Patients Undergoing Cardiac Surgery", *Environmental Science Technology*, v. 57, n. 30, 2023, pp. 10911-8.

Referências bibliográficas

Young, Sharon M. et al. "Ingestion of Steamed and Dehydrat ed Placenta Capsules Does Not Affect Postpartum Plasma Prolactin Levels or Neonatal Weight Gain: Results from a Randomized, Double-Bind, Placebo-Controlled Pilot Study", *Journal of Midwifery & Womens' Health*, v. 64, n. 4, jul. 2019, pp. 443-50.

Zhu, Long et al. "Identification of Microplastics in Human Placenta Using Laser Direct Infrared Spectroscopy", *The Science of the Total Environment*, v. 856, 2023, p. 1.

5. A teratologia e a influência do estilo de vida [pp. 113-52]

Abel, E. L. "Wasthe Fetal Alcohol Syndrome Recognized by the Greeks and Romans?", *Alcohol and Alcoholism*, v. 34, n. 6, nov./dez. 1999, pp. 868-72.

Abraham, Miriam et al. "A Systematic Review of Maternal Smoking During Pregnancy and Fetal Measurements with Meta-analysis", *PLoS One*, v. 12, n. 2, 2017.

Abram, Maja et al. "Murine Model of Pregnancy-associated *Listeriamonocytogenes* Infection", *FEMS Immunology & Medical Microbiology*, v. 35, n. 3, abr. 2003, pp. 177-82.

Adams, J. "Principles of neurobehavioralteratology", *Reproductive Toxicology*, v. 7, n. 2, 1993, pp. 171-3.

Aksglaede, Lise et al. "The Sensitivity of the Child to Sex Steroids: Possible Impact of Exogenous Estrogens", *Human Reproduction Update*, v. 12, n. 4, 2006, pp. 341-9.

Bastos Maia, Sabina et al. "Vitamin A and Pregnancy: A Narrative Review", *Nutrients*, v. 11, n. 3, mar. 2019, p. 681.

Bech, Bodil Hammer et al. "Coffee and Fetal Death: A Cohort Study with Prospective Data", *American Journal of Epidemiology*, v. 162, n. 10, 2005, pp. 983-90.

Brandt, Allan M. "Inventing Conflicts of Interest: A History of Tobacco Industry Tactics", *American Journal of Public Health*, v. 102, n. 1, jan. 2012, pp. 63-71.

Brannen, Kimberly C. et al. "Alternative Models of Developmental and Reproductive Toxicity in Pharmaceutical Risk Assessment and the 3RS", *ILAR Journal*, v. 57, n. 2, dez. 2016, pp. 144-56.

268   *A ciência da gestação*

Brown, Jasmin M. et al. "A Brief History of Awareness of the Link Between Alcohol and Fetal Alcohol Spectrum Disorder", *Canadian Journal of Psychiatry*, v. 64, n. 3, mar. 2019, pp. 164-8.

Chelchowska, Magdalena et al. "Tobacco Smoke Exposure During Pregnancy Increases Maternal Blood Lead Levels Affecting Neonate Birth Weight", *Biological Trace Element Research*, v. 155, n. 2, 2013, pp. 169-75.

Chitayat, David et al. "Folic Acid Supplementation for Pregnant Women and Those Planning Pregnancy: 2015 Update", *Journal of Clinical Pharmacology*, v. 56, n. 2, 2016, pp. 170-5.

Chua-Gocheco, Angela, Pina Bozzo e Adrienne Einarson. "Safety of Hair Products During Pregnancy. Personal Use and Occupational Exposure", *Canada Family Physician*, v. 54, n. 10, 2008, pp. 1386-8.

Cohlan, Sidney Q. "Excessive Intake of Vitamin A as a Cause of Congenital Anomalies in the Rat", *Science*, v. 117, n. 3046, maio 1953, pp. 535-6.

Corsi, Daniel J. et al. "Association Between Self-reported Prenatal Cannabis Use and Maternal, Perinatal, and Neonatal Outcomes", *Jama*, v. 322, n. 2, 2019, pp. 145-52.

Couto, Arnaldo C. et al. "Pregnancy, Maternal Exposure to Hair Dyes and Hair Straightening Cosmetics, and Early Age Leucemia", *Chemico-Biological Interactions*, v. 205, n. 1, 2013, pp. 46-52.

De Graaf, Gert, Frank Buckley e Brian G. Skotko. "Estimation of the Number of People with Down Syndrome in Europe", *Europe an Journal of Human Genetics*, v. 29, n. 3, mar. 2021, pp. 402-10.

DeSesso, John M. "The Arrogance of Teratology: A Brief Chronology of Attitudes Throughout History", *Birth Defects Research*, v. 111, n. 3, fev. 2019, pp. 123-41.

Dhillon, Gurpreet Singh et al. "Triclosan: Current Status, Occurrence, Environmental Risks and Bioaccumulation Potential", *International Journal of Environmental Research Public Health*, v. 12, n. 5, 2015, pp. 5657-84.

Fang, Xiefan et al. "In Utero Caffeine Exposure Induces Trans-generational Effects on the Adult Heart", *Scientific Reports*, v. 28, n. 34106, set. 2016.

Fergusson, David M. et al. "Maternal Use of Cannabis and Pregnancy Outcome", *BJOG: An International Journal of Obstetrics & Gynaecology*, v. 109, n. 1, 2002, pp. 21-7.

Referências bibliográficas

Finkel, Richard S. et al. "Risdiplam for Prenatal Therapy of Spinal Muscular Atrophy", *The New England Journal of Medicine*, v. 392, n. 11, 2025.

Food and Drug Administration (FDA). "Guidelines for Reproduction Studies for Safety Evaluation of Drugs for Human Use". Washington (DC): Department of Health, Education and Welfare, 1966.

_____. "Genetic Non-Invasive Prenatal Screening Tests May Have False Results: FDA Safety Communication". Washington (DC): Department of Health, Education and Welfare, abr. 2022.

Fox, Nathan S. "Dos and Don'ts in Pregnancy. Truths and Myths", *Obstetrics & Gynecology*, v. 131, n. 4, 2018, pp. 713-21.

Fuller, Richard et al. "Pollution and Non-communicable Disease: Time to End the Neglect", *Lancet Planetary Health*, v. 2, n. 3, mar. 2018, pp. e96-8.

Gadsbøll, Kasper et al. "Current Use of Noninvasive Prenatal Testing in Europe, Australia and the USA: A Graphical Presentation", *Acta Obstetricia et Gynecologica Scandinavica*, v. 99, n. 6, jun. 2020, pp. 722-30.

Gao, Yunfei et al. "New Perspective on Impact of Folic Acid Supplementation during Pregnancy on Neurodevelopment/Autism in the Offspring Children — A Systematic Review", *PLoS One*, v. 11, n. 11, 2016.

Gingrich, Jeremy et al. "Toxico Kinetics of Bisphenol A, Bisphenol S, and Bisphenol F in a Pregnancy Sheep Model", *Chemosphere*, v. 220, 2019, pp. 185-94.

Golding, Jean et al. "Grandmaternal Smoking in Pregnancy and Grandchild's Autistic Traits and Diagnosed Autism", *Scientific Reports*, v. 7, 2017, p. 46179.

Granato, Alberto e Benjamin Dering. "Alcohol and the Developing Brain: Why Neurons Die and How Survivors Change", *International Journal of Molecular Sciences*, v. 19, n. 10, 2018, p. 2992.

Grant, Kimberly S. et al. "Cannabis Use during Pregnancy: Pharmacokinetics and Effects on Child Development", *Pharmacology & Therapeutics*, v. 182, 2018, pp. 133-51.

Greene, Nicholas D. E. e Andrew J. Copp. "Neural Tube Defects", *Annual Reviews Neuroscience*, v. 37, 2014, pp. 221-42.

Hale, Fred. "Pigs Born without Eye Balls", *Journal of Heredity*, v. 24, n. 3, 1933, pp. 105-6.

Hanold, K. C. "Teratogenic Potential of Valproic Acid", *Journal of Obstetric, Gynecology, and Neonatal Nursing*, v. 15, n. 2, mar./abr. 1986, pp. 111-6.

Holly, Elizabeth A. et al. "West Coast Study of Childhood Brain Tumours and Maternal Use of Hair-Colouring Products", *Paediatric and Perinatal Epidemiology*, v. 16, n. 3, 2002, pp. 226-35.

Hoyme, H. Eugene et al. "A Practical Clinical Approach to Diagnosis of Fetal Alcohol Spectrum Disorders: Clarification of the 1996 Institute of Medicine Criteria", *Pediatrics*, v. 115, n. 1, jan. 2005, pp. 39-47.

Ikonomidou, Chris et al. "Ethanol-induced Apoptotic Neuro-degeneration and Fetal Alcohol Syndrome", *Science*, v. 287, n. 5455, 2000, pp. 1056-60.

Ion, Rachel e Andrés López Bernal. "Smoking and Preterm Birth", *Reproductive Sciences*, v. 22, n. 8, 2015, pp. 918-26.

James, Jack E. "Maternal Caffeine Consumption and Pregnancy Outcomes: A Narrative Review with Implications for Advice to Mothers and Mothers-to-be" *BMJ Evidence-Based Medicine*, v. 26, n. 3, jun. 2021, pp. 114-5.

Jones, K. L. et al. "Pattern of Malformation in Offspring of Chronic Alcoholic Mothers", *Lancet*, v. 1, n. 7815, jun. 1973, pp. 1267-71.

Kaye, Dan Kabonge. "Addressing Ethical Issues Related to Prenatal Diagnostic Procedures", *Maternal Health, Neonatology and Perinatology*, v. 3, n. 9, fev. 2023, p. 1.

Kelley, Angela S. et al. "Early Pregnancy Exposure to Endocrine Disrupting Chemical Mixtures are Associated with Inflammatory Changes in Maternal and Neonatal Circulation", *Scientific Reports*, v. 9, n. 1, abr. 2019.

Kennedy, Rebekah C., Paul D. Terry e Jiangang Chen. "Triclocarban and Health: The Jury Is Still Out", *mSphere*, v. 1, n. 6, 2016, p. e00239-16.

Kons, Kelly M. et al. "Exclusion of Reproductive-aged Women in Covid-19 Vaccination and Clinical Trials", *Women's Health Issues*, v. 32, n. 6, 2022, pp. 557-63.

Lange, Shannon et al. "National, Regional, and Global Prevalence of Smoking During Pregnancy in the General Population: A Systematic Review and Meta-analysis", *Lancet Global Health*, v. 6, n. 7, jul. 2018, pp. e769-76.

Lewis, David, John Mama e Jamie Hawkes. "A Review of Aspects of Oxidative Hair Dye Chemistry with Special Reference to *N*-Nitrosamine Formation", *Materials (Basel)*, v. 6, n. 2, 2013, pp. 517-34.

Li, Huixia et al. "Maternal Cosmetics Use During Pregnancy and Risks of Adverse Outcomes: A Prospective Cohort Study", *Scientific Reports*, v. 29, n. 9, maio 2019, p. 8030.

Lipton, May. "The History and Superstitions of Birth Defects", *The Journal of School Health*, v. 39, n. 8, out. 1969, pp. 579-82.

Lopes, Lilian Maria, Rossana Pulcineli Vieira Francisco e Marcelo Zugaib. "Anti-inflammatory Agents and Cardiac Abnormalities", *Revista Brasileira de Ginecologia e Obstetrícia*, v. 32, n. 1, 2010, pp. 1-3.

Lyngsø, Julie. "Association between Coffee or Caffeine Consumption and Fecundity and Fertility: A Systematic Review and Dose-response Meta-analysis", *Clinical Epidemiology*, v. 9, dez. 2017, pp. 699-719.

Martín, Itziar et al. "Neonatal Withdrawal Syndrome after Chronic Maternal Drinking of Mate", *Therapeutic Drug Monitoring*, v. 29, n. 1, 2007, pp. 127-9.

Matijasevich, Alicia et al. "Maternal Caffeine Consumption and Fetal Death: A Case-Control Study in Uruguay", *Paediatric and Perinatal Epidemiology*, v. 20, n. 2, 2006, pp. 100-9.

McNulty, H. et al. "Effect of Continued Folic Acid Supplementation beyond the First Trimester of Pregnanct on Cognitive Performance in the Child: A Follow-up Study from a Randomized Controlled Trial (FASSTT Offspring Trial)", *BMC Medicine*, v. 17, 2019, p. 196.

Middleton, Phillippa et al."Omega-3 Fatty Acid Addition During Pregnancy", *Cochrane Database of Systematic Review*, v. 11, n. 11, 2018, p. CD003402.

Morin, A. "Teratology 'from Geoffroy Saint-Hilaire to the present'". *Bulletin de l'Association des Anatomistes (Nancy)*, v. 80, n. 248, mar. 1996, pp. 17-31.

Morrison, J. E. "One Entrance into Life", *The Ulster Medical Journal*, v. 44, n. 1, 1975, pp. 1-14.

Muggli, Evelyne et al. "Association Between Prenatal Alcohol Exposure and Craniofacial Shape of Children at 12 Months of Age", *Jama Pediatrics*, v. 171, n. 8, jun. 2017, pp. 771-80.

Müller, J. E. et al. "Bisphenol A Exposureduring Early Pregnancy Impairs Uterine Spiral Artery Remodeling and Provokes Intrauterine Growth Restrictionin Mice", *Scientific Reports*, v. 8, n. 1, 2018.

Nakamura-Pereira, Marcos. "Worldwide Maternal Deaths due to Covid-19: A Brief Review", *International Journal of Gynaecology and Obstetrics*, v. 151, n. 1, out. 2020, pp. 148-50.

National Research Council Committee on Developmental Toxicology. "Developmental Defects and Their Causes", *Scientific Frontiers in Developmental Toxicology and Risk Assessment*. Washington (DC): National Academies Press (US), 2000. Disponível em: <www.ncbi.nlm.nih.gov/books/NBK225664/>. Acesso em: 10 jan. 2025.

Nau, H. "Species Differences in Pharmacokinetics and Drug Teratogenesis", *Environmental Health Perspectives*, v. 70, dez. 1986, pp. 113-29.

Ooka, Tadao et al. "Association between Maternal Exposure to Chemicals during Pregnancy and the Risk of Foetal Death: The Japan Environment and Children's Study", *International Journal of Environmental Research and Public Health*, v. 18, n. 22, nov. 2021.

Organização Mundial da Saúde (OMS). *Technical Report Series 364, Principles for the Testing of Drugs for Teratogenicity*. Genebra: OMS, 1967. Disponível em: <iris.who.int/bitstream/handle/10665/40657/WHO_TRS_364.pdf?sequence=1>. Acesso em: 10 jan. 2025.

_____. *Vitamin A Supplementation during Pregnancy*, 2023. Disponível em: <www.who.int/tools/elena/interventions/vitamina-pregnancy>. Acesso em: 10 jan. 2025.

Papadopoulou, Eleni et al. "Maternal Caffeine Intake During Pregnancy and Childhood Growth and Overweight: Results From a Large Norwegian Prospective Observational Cohort Study", *BMJ Open*, v. 8, n. 3, 2018.

Parodi, Stefano et al. "Risk of Neuroblastoma, Maternal Characteristics and Perinatal Exposures: The SETIL Study", *Cancer Epidemiology*, v. 38, n. 6, 2014, pp. 686-94.

Paula, Thais de M. D. E. et al. "Maternal Chronic Caffeine Intake Impairs Fertility, Placental Vascularization and Fetal Development in Mice", *Reproductive Toxicology*, v. 121, out. 2023, p. 108471.

Peixoto, Sérgio. *Manual de Assistência Pré-Natal*. 2. ed. São Paulo: Federação Brasileira das Associações de Ginecologia e Obstetrícia (Febrasgo), 2014.

Pitkin, Roy M. "Folate and Neural Tube Defects", *American Journal of Clinical Nutrition*, v. 85, n. 1, jan. 2007, pp. 285S-8S.

Raheja, K. L., A. Jordan e J. L. Fourcroy. "Food and Drug Administration Guidelines for Reproductive Toxicity Testing", *Reproductive Toxicology*, v. 2, n. 3-4, 1988, pp. 291-3.

Referências bibliográficas

Rehmann-Sutter, Christoph, Daniëlle R. M. Timmermans e Aviad Raz. "Non-invasive Prenatal Testing (NIPT): Is Routinization Problematic?", *BMC Medical Ethics*, v. 24, n. 1, out. 2023, p. 87.

Riley, Margaret Foster. "Including Pregnant and Lactating Women in Clinical Research: Moving Beyond Legal Liability", *Jama*, v. 331, n. 19, maio 2024, pp. 1619-20.

Rochester, Johanna R. e Ashley Bolden. "Bisphenol S and F: A Systematic Review and Comparison of the Hormonal Activity of Bisphenol A Substitutes", *Environmental Health Perspective*, v. 123, n. 7, 2015, pp. 643-50.

Sadler, T. W. "Embryology of Neural Tube Development", *American Journal of Medical Genetics Part C (Seminars in Medical Genetics)*, v. 135C, n. 1, 2005, pp. 2-8.

Santos, Fernanda Avelar et al. "Plastic Debris Forms: Rock Analogues Emerging from Marine Pollution", *Marine Pollution Bulletin*, v. 182, set. 2022.

Santos, Iná S., Alicia Matijasevich e Neiva C. J. Valle. "Mate Drinking During Pregnancy and Risk of Preterm and Small for Gestational Age Birth", *The Journal of Nutrition*, v. 135, n. 5, 2005, pp. 1120-3.

Schmidt, Rebecca J. et al. "Prenatal Vitamins, One-Carbon Metabolism Gene Variants, and Risk for Autism", *Epidemiology*, v. 22, n. 4, 2011, pp. 476-85.

Scholl, O. T. e W. G. Johnson. "Folic Acid: Influence on the Outcome of Pregnancy", *American Journal of Clinical Nutrition*, v. 71, 5 suplemento, 2007, pp. 1295S-303S.

Schumann, Julia. "Teratogen Screening: State of the Art", *Avicenna Journal of Medical Biotechnology*, v. 2, n. 3, jul. 2010, pp. 115-21.

Segre, Conceição A. M. *Efeitos do álcool na gestante, no feto e no recém-nascido*. São Paulo: Sociedade de Pediatria de São Paulo. 2. ed., 2017. Disponível em: <www.spsp.org.br/downloads/AlcoolSAF2.pdf>. Acesso em: 10 jan. 2025.

Sewell, Catherine A. et al. "Scientific, Ethical, and Legal Considerations for the Inclusion of Pregnant People in Clinical Trials", *American Journal of Obstetrics and Gynecology*, v. 227, n. 6, dez. 2022, pp. 805-11.

Shobeiri, Fatemeh e Ensiyeh Jenabi. "Smoking and Placenta Previa: A Meta-Analysis", *Journal of Maternal-Fetal & Neonatal Medicine*, v. 30, n. 24, 2017, pp. 2985-90.

Signorello, Lisa B. e Joseph K. McLaughlin. "Maternal Caffeine Consumption and Spontaneous Abortion: A Review of the Epidemiologic Evidence", *Epidemiology*, v. 15, n. 2, 2004, pp. 229-39.

Skidmore, Marin Elisabeth, Kaitlyn M. Sims e Holly K. Gibbs. "Agricultural Intensification and Childhood Cancer in Brazil", *Proceedings of the National Academy of Sciences of the United States of America*, v. 120, n. 45, nov. 2023.

Smith, J. L. "Foodborne Infections During Pregnancy", *Journal of Food Protection*, v. 62, n. 7, jul. 1999, pp. 818-29.

Soneji, Samir e Hiram Beltrán-Sánchez. "Association of Maternal Cigarette Smoking and Smoking Cessation With Preterm Birth", *Jama Network Open*, v. 2, n. 4, 2019.

Sportiello, Liberata e Annalisa Capuano. "It Is the Time to Change the Paradigms of Pregnant and Breastfeeding Women in Clinical Research!", *Frontiers of Pharmacology*, v. 14, fev. 2023.

Stanford University. "Research into the Impact of Tobacco Advertising". Disponível em: <tobacco.stanford.edu/cigarettes/infants--children/babies/>. Acesso em: 10 jan. 2025.

Surén, Pål et al. "Association Between Maternal Use of Folic Acid Supplements and Risk of Autism Spectrum Disorders in Children", *Jama*, v. 309, n. 6, 2013, pp. 570-7.

Taylor, Caroline M. et al. "A Review of Guidance on Fish Consumption in Pregnancy: Is It Fit for Purpose?", *Public Health Nutrition*, v. 21, n. 11, 2018, pp. 2149-59.

Taylor, Melanie M. et al. "Inclusion of Pregnant Women in Covid-19 Treatment Trials: A Review and Global Call to Action", *Lancet Global Health*, v. 9, n. 3, mar. 2021, pp. e366-e371.

Tein, I. e D. L. MacGregor. "Possible Valproate Teratogenicity", *Archives of Neurology*, v. 42, n. 3, mar. 1985, pp. 291-3.

The American College of Obstetrician and Gynecologist (ACOG). "Committee Opinion: Reducing Prenatal Exposure to Toxic Environmental Agents", *ACOG*, n. 832, 2021. Disponível em: <www.acog.org/clinical/clinical-guidance/committee-opinion/articles/2021/07/reducing-prenatal-exposure-to-toxic-environmental-agents>. Acesso em: 9 jan. 2025.

Troan, John. "Many Doctors Link Smoking and Cancer", *Washington Daily News*, 1960. Disponível em: <legacy.library.ucsf.edu/tid/scv02a00>. Acesso em: 10 jan. 2025.

Referências bibliográficas

Toufaily, M. Hassan et al. "Causes of Congenital Malformations." *Birth Defects Research*, v. 110, n. 2, jan. 2018, pp. 87-91.

Ulleland, Christy N. "The Offspring of Alcoholic Mothers", *Annals of the New York Academy of Sciences*, v. 197, maio 1972, pp. 167-9.

U.S. Department of Health and Human Services. *The Health Consequences of Smoking: 50 Years of Progress. A Report of the Surgeon General.* Atlanta: U.S. Department of Health and Human Services, Centers for Disease Control and Prevention, National Center for Chronic Disease Prevention and Health Promotion, Office on Smoking and Health, 2014.

_____. e Food and Drug Administration. "Reviewer Guidance: Evaluating the Risks of Drug Exposure in Human Pregnancies", 2005. Disponível em: <www.fda.gov/media/71368/download>. Acesso em: 10 jan. 2025.

Valera-Gran, Desirée et al. "Folic Acid Supplements During Pregnancy and Child Psychomotor Development after the First Year of Life", *Jama Pediatrics*, v. 168, n. 11, 2014, p. e142 611.

Van Genderen, Michel E. et al. "Severe Facial Swelling in a Pregnant Woman After Using Hair Dye", *BMJ Case Reports*, v. 31, 2014.

Vazquez, Juan C. "Heartburn in Pregnancy", *BMJ Clinical Evidence*, v. 2015, 2015, p. 1411.

Vittoria Togo, Maria et al. "Where Developmental Toxicity Meets Explainable Artificial Intelligence: State-of-the-Art and Perspectives", *Expert Opinion on Drug Metabolism & Toxicology*, v. 20, n. 7, jul. 2024, pp. 561-77.

Vlajinac, Hristina et al. "Effect of Caffeine Intake During Pregnancy on Birth Weight", *American Journal of Epidemiology*, v. 145, n. 4, 1997, pp. 335-8.

Volkow, Nora D. et al. "Self-reported Medical and Nonmedical Cannabis Use Among Pregnant Women in the United States", *Jama*, v. 322, n. 2, 2019, pp. 167-9.

Waitt, Catriona et al. "Clinical Trials and Pregnancy", *Communications Medicine*, v. 2, n. 132, 2022, p. 132.

Walker, David. "Fortification of Flour with Folic Acid Is an Overdue Public Health Measure in the UK", *Archives of Disease in Childhood*, v. 101, n. 7, 2016, p. 593.

Wang, Zhaoyun et al. "An Updated Review on Listeria Infection in Pregnancy", *Infection and Drug Resistance*, v. 14, maio 2021, pp. 1967-78.

Watkins, Sarah Holmes et al. "Grandmaternal Smoking During Pregnancy is Associated with Differential DNA Methylation in Peripheral Blood of Their Grandchildren", *European Journal of Human Genetics*, v. 30, n. 12, dez. 2022, pp. 1373-9.

Weininger, Otto. *Sex, Science, and Self in Imperial Vienna*. Chicago: University of Chicago Press, 2000.

Wilson, James G. "Experimental Studies on Congenital Malformations", *Journal of Chronic Diseases*, v. 10, n. 2, 1959, pp. 111-30.

_____. *Environment and Birth Defects*. Nova York: *Academic Press*, 1973.

Yee, Alyson e Jack A. Gilbert. "Microbiome: Is Triclosan Harming Your Microbiome?", *Science*, v. 353, n. 6297, 2016, pp. 348-9.

Zavala, Eleonor et al. "Global Disparities in Public Health Guidance for the Use of Covid-19 Vaccines in Pregnancy", *BMJ Global Health*, v. 7, n. 2, 2022, p. e007730.

Zielinsky, Paulo et al. "Maternal Consumption of Polyphenol-rich Foods in Late Pregnancy and Fetal Ductus Arteriosus Flow Dynamics", *Journal of Perinatology*, v. 30, n. 1, 2010, pp. 17-21.

Zile, M. H. "Vitamin A and Embryonic Development: An Overview", *The Journal of Nutrition*, v. 128, 5 suplemento, fev. 1998, pp. 455S-8S.

6. As mudanças no corpo e na mente [pp. 153-92]

Babey, Muriel E. et al. "A Maternal Brain Hormonethat Builds Bone", *Nature*, v. 632, 2024, pp. 357-65.

Barba-Müller, Erika et al. "Brain Plasticity in Pregnancy and the Postpartum Period: Linksto Maternal Caregiving and Mental Health", *Archives on Women's Mental Health*, v. 22, n. 2, 2018, pp. 289-99.

Basit, Hajira, Kiran V. Godse e Ahmad M. Al Aboud. "Melasma", *StatPearls Publishing*. Disponível em: <www.ncbi.nlm.nih.gov/books/NBK459271/>. Acesso em: 10 jan. 2025.

Ben Mocha, Yitzchak et al. "What Is Cooperative Breeding in Mammals and Birds? Removing Definitional Barriers for Comparative Research", *Biological Reviews*, v. 98, n. 6, dez. 2023, pp. 1845-61.

Bouchet, Hélène et al. "Baby Cry Recognition Is Independent of Motherhood but Improved by Experience and Exposure", *Proceedings of the Royal Society Biological Sciences*, v. 287, n. 1921, fev. 2020.

Referências bibliográficas

Cárdenas, Emilia F., Autumn Kujawa e Kathryn L. Humphreys. "Neurobiological Changes During the Peripartum Period: Implications for Health and Behavior", *Social Cognitive and Affective Neuroscience*, v. 15, n. 10, nov. 2020, pp. 1097-110.

Chan, Ronna et al. "Severity and Duration of Nausea and Vomiting Symptoms in Pregnancy and Spontaneous Abortion", *Human Reproduction*, v. 25, n. 11, set. 2010, pp. 2907-12.

Ciliberto, Christopher F. e Gertie F. Marx. "Physiological Changes Associated with Pregnancy", *Update in Anaesthesia*, v. 9, 1998.

Collier, Ai-Ris Y., Laura A. Smith e S. Ananth Karumanchi. "Review of the Immune Mechanisms of Preeclampsia and the Potential of Immune Modulating Therapy", *Human Immunology*, v. 82, n. 5, maio 2021, pp. 362-70.

Cómitre-Mariano, Blanca et al. "Feto-maternal Microchimerism: Memories from Pregnancy", *iScience*, v. 25, n. 1, dez. 2021.

Duarte-Guterman, Paula et al. "Cellular and Molecular Signatures of Motherhood in the Adult and Ageing Rat Brain", *Open Biology*, v. 13, n. 11, nov. 2023.

Dye, C. N. et al. "Microglia Depletion Facilitates the Display of Maternal Behavior and Alters Activation of the Maternal Brain Network in Nulliparous Female Rats", *Neuropsychopharmacology*, v. 48, n. 13, dez. 2023, pp. 1869-1877.

Everson, Gregory T. "Gastrointestinal Motility in Pregnancy", *Gastroenterology Clinics of North America*, v. 21, n. 4, dez. 1992, pp. 751-76.

Farrar, Diane et al. "Assessment of Cognitive Function Across Pregnancy Using CANTAB: A Longitudinal Study", *Brain and Cognition*, v. 84, n. 1, fev. 2014, pp. 76-84.

Fejzo, Marlena et al. "GDF15 Linked to Maternal Risk of Nausea and Vomiting During Pregnancy", *Nature*, v. 625, 2024, pp. 760-7.

Fjeldstad, Heidi E. S., Guro M. Johnsen e Anne Cathrine Staff. "Fetal Microchimerism and Implications for Maternal Health", *Obstetric Medicine*, v. 13, n. 1, set. 2020, pp. 112-9.

Flaxman, Samuel M. e Paul W. Sherman. "Morning Sickness: A Mechanism for Protecting Mother and Embryo", *The Quarterly Review of Biology*, v. 75, n. 2, jun. 2000, pp. 113-48.

_____. "Morning Sickness: Adaptive Cause or Nonadaptive Consequence of Embryo Viability?", *The American Naturalist*, v. 172, n. 1, 2008, pp. 54-62.

Fudge, Neva J. e Christopher S. Kovacs. "Pregnancy Up-Regulates Intestinal Calcium Absorption and Skeletal Mineralization Independently of the Vitamin D Receptor", *Endocrinology*, v. 151, n. 3, mar. 2010, pp. 886-95.

Gammill, Hillary S. e J. Lee Nelson. "Naturally Acquired Microchimerism", *The International Journal of Developmental Biology*, v. 54, n. 2-3, 2010, pp. 531-43.

Goldenberg, Robert L. e Elizabeth M. McClure. "Maternal Mortality", *American Journal of Obstetrics and Gynecology*, v. 205, n. 4, out. 2011, pp. 293-5.

Groen, Bart et al. "Immunological Adaptations to Pregnancy in Women with Type 1 Diabetes", *Scientific Reports*, v. 22, 2015.

Gustafsson, Erik et al. "Fathers Are Just as Good as Mothers at Recognizing the Cries of Their Baby", *Nature Communications*, v. 4, n. 1698, 2013.

Hagatulah, Naela et al. "Perinatal Depression and Risk of Mortality: Nationwide, Register Based Study in Sweden", *BMJ*, v. 384, jan. 2024.

Hoekzema, Elseline et al. "Pregnancy Leads to Long-Lasting Changes in Human Brain Structure", *Nature Neuroscience*, v. 20, n. 2, fev. 2017, pp. 287-96.

Instituto de Pesquisa Econômica Aplicada (Ipea). *ODS: Metas Nacionais dos Objetivos de Desenvolvimento Sustentável*. Brasília: Ipea; 2018. Disponível em: <www.ipea.gov.br/portal/images/stories/PDFs/livros/livros/180801_ods_metas_nac_dos_obj_de_desenv_susten_propos_de_adequa.pdf>. Acesso em: 10 jan. 2025.

Kim, Kijeong et al. "Swimming Exercise During Pregnancy Alleviates Pregnancy-associated Long-term Memory Impairment", *Physiology & Behavior*, v. 107, n. 1, 2012, pp. 82-6.

Kim, Pilyoung. "Human Maternal Brain Plasticity: Adaptation to Parenting", *New Directions for Child and Adolescent Development*, v. 2016, n. 153, 2016, pp. 47-58.

Kim, Sohye e Lane Strathearn. "Oxytocin and Maternal Brain Plasticity", *New Directions for Child and Adolescent Development*, v. 2016, n. 153, 2016, pp. 59-72.

Kloc, Malgorzata. "Seahorse Male Pregnancy as a Model System to Study Pregnancy, Immune Adaptations, and Environmental Effects", *International Journal of Molecular Sciences*, v. 24, n. 11, jun. 2023, p. 9712.

Referências bibliográficas

Kumar, Pratap e Navneet Magon."Hormones in Pregnancy", *Nigerian Medical Journal*, v. 53, n. 4, 2012, pp. 179-83.

Lee, Noel M. e Sumona Saha. "Nausea and Vomiting of Pregnancy", *Gastroenterology Clinic sof North America*, v. 40, n. 2, jun. 2011, pp. 309-34.

Logan, Dustin M. et al. "How do Memory and Attention Change with Pregnancy and Childbirth? A Controlled Longitudinal Examination of Neuropsychological Functioning in Pregnant and Postpartum Women", *Journal of Clinical and Experimental Neuropsychology*, v. 36, n. 5, 2014, pp. 528-39.

Marecki, Rafal et al. "Zuranolone: Synthetic Neurosteroid in Treatment of Mental Disorders: Narrative Review", *Frontiers in Psychiatry*, v. 14, dez. 2023.

Napso, Tina et al. "The Role of Placental Hormones in Mediating Maternal Adaptations to Support Pregnancy and Lactation", *Frontiers in Physiology*, v. 9, 2018, p. 1091.

Nilson, Tainá Vieira et al. "Unplanned Pregnancy in Brazil: National Study in Eight University Hospitals", *Revista de Saúde Pública*, v. 57, jun. 2023, p. 35.

Orchard, Edwina R. et al. "Matrescence: Lifetime Impact of Motherhood on Cognition and the Brain", *Trends in Cognitive Science*, v. 27, n. 3, mar. 2023, pp. 302-16.

Paternina-Die, María et al. "Women's Neuroplasticity During Gestation, Childbirth and Postpartum", *Nature Neuroscience*, v. 27, 2024, pp. 319-27.

PrabhuDas, Mercy et al. "Immune Mechanisms at the Maternal-Fetal Interface: Perspectives and Challenges", *Nature Immunology*, v. 16, n. 4, abr. 2015, pp. 328-34.

Pritschet, Laura et al. "Neuroanatomical Changes Observed over the Course of a Human Pregnancy", *Nature Neuroscience*, v. 27, n. 11, nov. 2024, pp. 2253-60.

Raz, Sivan. "Behavioral and Neural Correlates of Cognitive-Affective Function During Late Pregnancy: An Event-Related Potentials Study", *Behavioural Brain Research*, v. 267, 2014, pp. 17-25.

Rendell, Victoria, Natalie M. Bath e Todd V. Brennan. "Medawar's Paradox and Immune Mechanisms of Fetomaternal Tolerance", *OBM Transplantation*, v. 4, n. 1, 2020, p. 26.

Rincón-Cortés e Milliee Anthony A. Grace. "Adaptations in Reward-Related Behaviors and Mesolimbic Dopamine Function

During Motherhood and the Postpartum Period", *Frontiers in Neuroendocrinology*, v. 57, abr. 2020, p. 100839.

Rojas-Rodriguez, Raziel et al. "Human Adipose Tissue Expansion in Pregnancy Is Impaired in Gestational Diabetes Mellitus", *Diabetologia*, v. 58, n. 9, 2015, pp. 2106-14.

Roos, Annerine et al. "Altered Prefrontal Cortical Function During Processing of Fear-Relevant Stimuli in Pregnancy", *Behavioural Brain Research*, v. 222, n. 1, 2011, pp. 200-5.

Schepanski, Steven et al. "Pregnancy-induced Maternal Microchimerism Shapes Neurodevelopment and Behavior in Mice", *Nature Communications*, v. 13, n. 4571, 2022.

Servin-Barthet, Camila et al. "The Transition to Motherhood: Linking Hormones, Brain and Behaviour", *Nature Reviews Neuroscience*, v. 24, 2023, pp. 605-19.

Silverstein, Arthur M. "The Curious Case of the 1960 Nobel Prize to Burnet and Medawar", *Immunology*, v. 147, n. 3, mar. 2016, pp. 269-74.

Smajdor, Anna e Joona Räsänen. "Is Pregnancy a Disease? A Normative Approach", *Journal of Medical Ethics*, v. 51, n. 1, 2025, pp. 37-44.

Srivatsa, B. et al."Microchimerism of Presumed Fetal Origin in Thyroid Specimens from Women: A Case-Control Study", *Lancet*, v. 358, n. 9298, dez. 2001, pp. 2034-8.

Svensson, H. et al. "Body Fat Mass and the Proportion of Very Large Adipocytes in Pregnant Women Are Associated with Gestational Insulin Resistance", *International Journal of Obesity*, v. 40, n. 4, 2016, pp. 646-53.

Terkel, Joseph e Jay S. Rosenblatt. "Humoral Factors Underlying Maternal Behavior at Parturition: Cross Transfusion between Freely Moving Rats", *Journal of Comparative and Physiological Psychology*, v. 80, n. 3, set. 1972, pp. 365-71.

Úbeda, Francisco e Geoff Wild. "Microchimerism as a Source of Information on Future Pregnancies", *Proceedings. Biological Sciences*, v. 290, n. 2005, ago. 2023.

Vora, Rita et al. "Pregnancy and Skin", *Journal of Family Medicine and Primary Care*, v. 3, n. 4, out. 2014, pp. 318-24.

Walsh, J. W. et al. "Progesterone and Estrogen Are Potential Mediators of Gastric Slow-Wave Dysrhythmias in Nausea of Pregnancy", *American Journal of Physiology*, v. 270, 3 Pt. 1, 1996, pp. G506-14.

Referências bibliográficas 281

Wang, Tong et al. "Injection of Oxytocin into Paraventricular Nucleus Reverses Depressive-Like Behaviors in the Postpartum Depression Rat Model", *Behavioural Brain Research*, v. 336, 2018, pp. 236-43.

Wender, Maria Celeste Osório, Rogério Bonassi Machado e Carlos Alberto Politano. "Influência da utilização de métodos contraceptivos sobre as taxas de gestação não planejada em mulheres brasileiras", *Femina*, v. 50, n. 3, 2022, pp. 134-41.

7. O pré-natal [pp. 193-213]

Al-Gailani, Salim e Angela Davis. "Introduction to 'Transforming Pregnancy since 1900'", *Studies in History and Philosophy of Science*, v. 47, pt. B, set. 2014, pp. 229-32.

Allan, L. D. et al. "Echocardiographic and Anatomical Correlates in the Fetus", *British Heart Journal*, v. 44, n. 4, out. 1980, pp. 444-51.

Baba, Kazunori. "Development of 3D Ultrasound", *Donald School Journal of Ultrasound in Obstetrics and Gynecology*, v. 4, n. 3, jul./set. 2010, pp. 205-15.

Barbeito-Andrés, Jimena et al. "Congenital Zika Syndrome Is Associated with Maternal Protein Malnutrition", *Science Advances*, v. 6, n. 2, jan. 2020, p. eaaw6284.

Bilardo, C. M. et al. "Increased Nuchal Translucency Thickness and Normal Karyotype: Time for Parental Reassurance", *Ultrasound in Obstetrics & Gynecology*, v. 30, n. 1, 2007, pp. 11-8.

Brown, Benjamin e Ciara Wright. "Safety and Efficacy of Supplements in Pregnancy", *Nutrition Review*, v. 78, n. 10, out. 2020, pp. 813-26.

Campbell, Stuart. "A Short History of Sonography in Obstetrics and Gynaecology", *Facts, Views & Vision in Obgyn*, v. 5, n. 3, 2013, pp. 213-29.

Cuckle, Howard e Ron Maymon. "Development of Prenatal Screening: A Historical Overview", *Seminars in Perinatology*, v. 40, n. 1, fev. 2016, pp. 12-22.

Detti, Laura et al. "Author Correction: Early Pregnancy Ultrasound Measurements and Prediction of First Trimester Pregnancy Loss: A Logistic Model", *Scientific Reports*, v. 11, n. 21 598, 2021.

Donald, Ian, John Macvicar e Tom G. Brown. "Investigation of Abdominal Masses by Pulsed Ultrasound", *Lancet*, v. 1, n. 7032, jun. 1958, pp. 1188-95.

Gersak, Ksenija, Darija M. Strah e Maja Pohar-Perme. "Increased Fetal Nuchal Translucency Thickness and Normal Karyotype: Prenatal and Postnatal Outcome. Down Syndrome, Subrata Kumar Dey", *IntechOpen*, mar. 2013. Disponível em: <www.intechopen.com/ books/down-syndrome/increased-fetal-nuchal-translucency-thickness-and-normal-karyotype-prenatal-and-postnatal-outcome>. Acesso em: 11 jan. 2025.

Ginther, Samuel et al. "Metabolic Loads and the Costs of Metazoan Reproduction", *Science*, v. 384, n. 6697, maio 2024, pp. 763-7.

Macdonald, Alastair S. "From First Concepts to Diasonograph: The Role of Product Design in the First Medical Obstetric Ultrasound Machines in 1960s Glasgow", *Ultrasound*, v. 28, n. 3, ago. 2020, pp. 187-95.

M'Culloch, T. C. "Blood-letting as a Remedy in the Treatment of Eclampsia Puerperalis and 'Acute Pneumonia'", *Jama*, v. 1, n. 6, 1883, pp. 174-7.

Moore, Keith L., T. V. N. Persaud e Mark G. Torchia. *Embriologia básica*, 9. ed., Rio de Janeiro: Guanabara Koogan, 2016.

Prabhu, Malavika et al. "'Society for Maternal-Fetal Medicine Consult Series #57: Evaluation and Management of Isolated Soft Ultrasound Markers for Aneuploidy in the Second Trimester' (Replaces Consults #10, 'Single Umbilical Artery', October 2010; #16, 'Isolated Echogenic Bowel Diagnosed on Second-trimester Ultrasound', August 2011; #17, 'Evaluation and Management of Isolated Renal Pelviectasis on Second-Trimester Ultrasound', December 2011; #25, 'Isolated Fetal Choroid Plexus Cysts', April 2013; #27, 'Isolated Echogenic Intracardiac Focus', August 2013)", *American Journal of Obstetrics & Gynecology*, v. 225, n. 4, out. 2021, pp. B2-B15.

Shakoor, Shafia et al. "Increased Nuchal Translucency and Adverse Pregnancy Outcomes", *The Journal of Maternal-fetal & Neonatal Medicine*, v. 30, n. 14, 2017, pp. 1760-3.

Thomas, Duncan P. "The Demise of Bloodletting", *The Journal of the Royal College of Physicians of Edinburgh*, v. 44, n. 1, 2014, pp. 72-7.

Uduma, Felix Uduma et al. "Utility of First Trimester Obstetric Ultrasonography Before 13 Weeks of Gestation: A Retrospective Study", *The Pan African Medical Journal*, v. 26, 2017, p. 121.

8. A paternidade [pp. 214-40]

Abraham, Eyal e Ruth Feldman. "The Neural Basis of Human Fatherhood: A Unique Biocultural Perspective on Plasticity of Brain and Behavior", *Clinical Child and Family Psychology Review*, v. 25, n. 1, mar. 2022, pp. 93-109.

Beal, Mark A., Carole L. Yauk e Francesco Marchetti. "From Sperm to Offspring: Assessing the Heritable Genetic Consequences of Paternal Smoking and Potential Public Health Impacts", *Mutation Research. Reviews in Mutation Research*, n. 773, jul. 2017, pp. 26-50.

Boulicault, Marion et al. "The Future of Sperm: A Biovariability Framework for Understanding Global Sperm Count Trends", *Human Fertility* (Cambridge), v. 25, n. 5, dez. 2022, pp. 888-902.

Bruno, Antonio et al. "When Fathers Begin to Falter: A Comprehensive Review on Paternal Perinatal Depression", *International Journal of Environmental Research and Public Health*, v. 17, n. 4, fev. 2020.

Campbell, Jared M. et al. "Paternal Obesity Negatively Affects Male Fertility and Assisted Reproduction Outcomes: A Systematic Review and Meta-analysis", *Reproductive Biomedicine Online*, v. 31, n. 5, nov. 2015, pp. 593-604.

Carlsen, E. et al. "Evidence for Decreasing Quality of Semen During Past 50 Years", *BMJ*, v. 305, n. 6854, set. 1992, pp. 609-13.

Chase, Tess, Adam Fusick e Jaimey M Pauli. "Couvade Syndrome: More than a Toothache", *Journal of Psychosomatic Obstetrics and Gynaecology*, v. 42, n. 2, jun. 2021, pp. 168-72.

Evans, Jennifer. "'They Are Called Imperfect Men': Male Infertility and Sexual Health in Early Modern England", *Social History of Medicine*, v. 29, n. 2, maio 2016, pp. 311-32.

Gapp, Katharina et al. "Implication of Sperm RNAs in Trans-generational Inheritance of the Effects of Early Trauma in Mice", *Nature Neuroscience*, v. 17, 2014, pp. 667-9.

Gaspari, L. et al. "High Prevalence of Micropenis in 2710 Male Newborns from an Intensive-Use Pesticide Area of Northeastern Brazil", *International Journal of Andrology*, v. 35, n. 3, jun. 2012, pp. 253-64.

Goldstein, Zoë et al. "Interventions for Paternal Perinatal Depression: A Systematic Review", *Journal of Affective Disorders*, v. 15, n. 265, mar. 2020, pp. 505-10.

Hu, Chelin Jamie et al. "Microplastic Presence in Dog and Human Testis and Its Potential Association with Sperm Count and Weights of Testis and Epididymis", *Toxicological Sciences*, v. 200, n. 2, ago. 2024, pp. 235-40.

Jarque, Sergio et al. "Background Fish Feminization Effects in European Remote Sites", *Scientific Reports*, v. 10, n. 5, jun. 2015.

Johnson, Sheri L. et al. "Consistent Age-dependent Declines in Human Semen Quality: A Systematic Review and Meta-analysis", *Ageing Research Reviews*, v. 19, jan. 2015, pp. 22-33.

Kaltsas, Aris et al. "Impact of Advanced Paternal Age on Fertility and Risks of Genetic Disorders in Offspring", *Genes*, v. 14, n. 2, fev. 2023.

Kentner, Amanda, Alfonso Abizaid e Catherine Bielajew. "Modeling Dad: Animal Models of Paternal Behavior", *Neuroscience and Biobehavioral Reviews*, v. 34, n. 3, mar. 2010, pp. 438-51.

Khoshkerdar, Afsaneh et al. "Reproductive Toxicology: Impacts of Paternal Environment and Lifestyle on Maternal Health During Pregnancy", *Reproduction*, v. 162, n. 5, out. 2021, pp. F101-9.

Kovac, Jason R. et al. "The Effects of Advanced Paternal Age on Fertility", *Asian Journal of Andrology*, v. 15, n. 6, nov. 2013, pp. 723-8.

Kumar, Naina e Amit Kant Singh. "Impact of Environmental Factors on Human Semen Quality and Male Fertility: A Narrative Review", *Environmental Sciences Europe*, v. 34, n. 5, 2022.

Levine, Hagai et al. "Temporal Trends in Sperm Count: A Systematic Review and Meta-Regression Analysis", *Human Reproduction Update*, v. 23, n. 6, nov. 2017, pp. 646-59.

_____. "Temporal Trends in Sperm Count: A Systematic Review and Meta-regression Analysis of Samples Collected Globally in the 20th and 21st Centuries", *Human Reproduction Update*, v. 29, n. 2, mar. 2023, pp. 157-76.

Luo, Liu et al. "Association of Paternal Smoking with the Risk of Neural Tube Defects in Offspring: A Systematic Review and Meta-Analysis of Observational Studies", *Birth Defects Research*, v. 113, n. 12, jul. 2021, pp. 883-93.

Martínez-García, Magdalena et al., "First-time Fathers Show Longitudinal Gray Matter Cortical Volume Reductions: Evidence from Two International Samples", *Cerebral Cortex*, v. 33, n. 7, mar. 2023, pp. 4156-63.

Michaelson, Jacob J. et al. "Whole-genome Sequencing in Autism Identifies Hot Spots for De Novo Germline Mutation", *Cell*, v. 151, n. 7, dez. 2012, pp. 1431-42.

Montano, Luigi et al. "Raman Microspectroscopy Evidence of Microplastics in Human Semen", *Science of the Total Environment*, v. 901, nov. 2023.

Morales-Suárez-Varela, María M. et al. "Parental Occupational Exposure to Endocrine Disrupting Chemicals and Male Genital Malformations: A Study in the Danish National Birth Cohort Study", *Environmental Health*, v. 10, n. 1, jan. 2011.

Nybo Andersen, Anne Marie e Stine Kjaer Urhoj. "Is Advanced Paternal Age a Health Risk for the Offspring?", *Fertility and Sterility*, v. 107, n. 2, fev. 2017, pp. 312-18.

Raza, Zara et al. "Exposure to War and Conflict: The Individual and Inherited Epigenetic Effects on Health, with a Focus on Post-traumatic Stress Disorder", *Frontiers in Epidemiology*, v. 16, n. 3, fev. 2023.

Saxbe, Darby e Magdalena Martínez-García. "Cortical Volume Reductions in Men Transitioning to First-Time Fatherhood Reflect both Parenting Engagement and Mental Health Risk", *Cerebral Cortex*, v. 34, n. 4, abr. 2024.

Solich, Joanna et al. "Restraint Stress in Mice Alters Set of 25 miRNAs Which Regulate Stress- and Depression-Related mRNAs", *International Journal of Molecular Sciences*, v. 21, n. 24, dez. 2020.

Stanisçuaski, Fernanda et al. "Gender, Race and Parenthood Impact Academic Productivity During the Covid-19 Pandemic: From Survey to Action", *Frontiers in Psychology*, v. 12, maio 2021.

Steel, B. "Oral Health: Couvade Syndrome and Toothache", *British Dental Journal*, v. 223, n. 6, set. 2017.

Stuppia, Liborio et al. "Epigenetics and Male Reproduction: The Consequences of Paternal Lifestyle on Fertility, Embryo Development, and Children Lifetime Health", *Clinical Epigenetics*, v. 11, n. 7, nov. 2015.

Smythe, Kara, Irene Petersen e Patricia Schartau. "Prevalence of Perinatal Depression and Anxiety in Both Parents: A Systematic Review and Meta-analysis", *Jama*, v. 5, n. 6, jun. 2022.

Tiemann-Boege, Irene. "The Observed Human Sperm Mutation Frequency Cannot Explain the Achondroplasia Paternal Age

Effect", *Proceedings of the National Academy of Sciences of the United States of America*, v. 99, n. 23, nov. 2002.

Watkins, Adam J. et al. "Paternal Low Protein Diet Programs Preimplantation Embryo Gene Expression, Fetal Growth and Skeletal Development in Mice", *Biochimica et Biophysica Acta: Molecular Basis of Disease*, v. 1863, n. 6, jun. 2017, pp. 1371-81.

Xu, Xingyun et al. "Epigenetic Mechanisms of Paternal Stress in Offspring Development and Diseases", *International Journal of Genomics*, v. 19, jan. 2021.

Zhang, Yinan et al. "Paternal Exposures to Endocrine-disrupting Chemicals Induce Intergenerational Epigenetic Influences on Offspring: A Review", *Environment International*, v. 187, maio 2024.

Zhao, Qiancheng et al. "Detection and Characterization of Microplastics in the Human Testis and Semen", *The Science of the Total Environment*, v. 877, jun. 2023, p. 162713.

Zhou, Q. et al. "Association between Preconception Paternal Smoking and Birth Defects in Offspring: Evidence from the Database of the National Free Preconception Health Examination Project in China", *BJOG*, v. 127, n. 11, out. 2020, pp. 1358-64.

Índice remissivo

As páginas indicadas em itálico referem-se às ilustrações

abortamentos inseguros, 189
ácido fólico (tratamento contra DFTN), 61-2
acompanhamento pré-natal, 207-13
acondroplasia (nanismo), 227
África, 48
África do Sul, 180
agrotóxicos, 145
álcool: consumo de, 76, 217, 223-4; efeitos na criança por consumo de, pelos pais, 129-30, 223; como teratógeno, 114, 126, 128-30
Alemanha, 107
alergias, 141-2; respiratórias, 135
alimentação na gravidez, 135-40; laticínios não pasteurizados e, 136; peixes e, 137
Allan, Lindsey, 206
alopregnanolona, 184
alterações cromossômicas, 209
alterações epigenéticas, 151
alterações imunes, 142
alterações pulmonares, 135
Alzheimer, doença de, 169
amadurecimento in vitro de óvulos, 32
amamentação: e o sistema imune infantil, 88
Amazonas, 139
amebíase, 136
amniocentese, 150, 204
amônia, 143
anatomia do útero gravídico, A (Hunter), 103
anemia ferropriva, 212

anencefalia, 209
antibióticos, 87-8
anti-inflamatórios na gravidez, 140
Arábia Saudita, 33
Aranzi, Julius Caesar, 103
Argentina, 48
Aristóteles, 16, 70
Aschheim, Selmar, 47
Associação Brasileira dos Portadores da Síndrome da Talidomida (ABPST), 110
atraso global no desenvolvimento do bebê, 128
atrofia muscular espinhal (AME), 147
audição: desenvolvimento da, no feto, 83
azoospermia (ausência de espermatozoides no sêmen), 215

Baba, Kazunori, 199
baby blues, 185
bactérias: presença de, no corpo humano, 85
baixo peso ao nascer, 128, 132-3, 136, 142, 210
beta hCG, teste, 44
biópsia de vilosidades coriônicas, 150
bisfenol A (BPA): efeitos do, na gravidez, 145, 221
blastocisto, 41-2
Botanic Garden, The (Darwin), 104
Brasil, 33, 145, 188
brexanolona, 184
Brown, Lesley, 28

Brown, Louise, 29
Brown, Tom, 193

cabelos: tratamentos nos, durante a gestação, 143
cafeína, 131; dificuldade de eliminação da, por gestantes, 131; recomendação de consumo da, na gravidez, 132
Califórnia, 161, 231
Cambridge (Reino Unido), 37
Camellia sinensis, 132
Cameron, Dugald, 193
Canadá: testes de gravidez no, 51
câncer, 30, 141; infantil, 146; de mama, 169; de pulmão, 133; tipo coriocarcinoma, 43
capacitismo, 152
cardiopatias, 206
Carlos I, rei da Inglaterra, 16
Carnegie, Coleção, 55
cavalo-marinho, gestação do, 154
CCN3 (hormônio ligado à produção de ossos, além de outras funções), 161
células-tronco, 63, 112, 125, 161, 165, 169, 227; produção de embriões a partir de, 57-9
Centers for Disease Control and Prevention (CDC, EUA), 100-1
cérebro, 171, 173-5; conexões formadas no, do feto, 89; córtex cerebral e, 171-2; córtex pré-frontal e, 180; efeito da ocitocina no, 178; microglias do, 174; remodelamento do, na gravidez, 178-81
cérebro paterno: influência da gravidez no, 231
chá, recomendações sobre o consumo de, 132-3
Chemie Grünenthal (laboratório), 107, 109
China, 148, 221, 223
Chisso (indústria química japonesa), 138

Chrastil, Elizabeth, 173
circunferência abdominal (CA), 205
circunferência cefálica (CC), 205
comprimento do fêmur (F), 205
comprimento do úmero (U), 205
congelamento de sêmen (criopreservação), 31
conservantes parabenos, 143
consumo de álcool na gestação
  ver álcool
contraceptivos, 39
Copenhague, 115
coriocarcinoma (câncer derivado das células trofoblásticas)
  ver câncer
corpo lúteo, 44, 155
cortisol, 180
cosméticos: microplásticos em, 97-8; uso de, na gravidez, 141, 143
Couvade, síndrome de, 238-9
covid-19, 188, 234; complicações na gravidez por, 165; pandemia de, 10, 96; vacinas contra, 11, 121, 123
Crane, Margaret, 50-1
criopreservação de tecido ovariano, 32
crise climática e ambiental, 96
cromossomopatias, 202
cromossomos XX e XY, 71, 166
cuidado parental, 190-2

d'Agoty, Jacques Fabien Gautier, 19
da Vinci, Leonardo, 68
Dareste, Gabriel Madeleine Camille, 119
Darwin, Charles, 191
Darwin, Erasmus, 104-5, 107
data da última menstruação (DUM), 40
defeitos cardiovasculares, 128
defeitos no fechamento do tubo neural (DFTN), 60-1, 209; tratamento com ácido fólico para, 61
deficiência de folato (vitamina B9), 61

Índice remissivo

depressão, 182, 217
descolamento de placenta, 134
desigualdades de acesso à saúde, 10
determinação do sexo do bebê:
papel do espermatozoide na, 71
diabetes tipo 1, 169
diâmetro biparietal (DBP), 205
diâmetro occipito-frontal (DOF), 205
difilobotríase ("tênia do peixe"), 137
Dinamarca, 149
disruptores endócrinos, 10; efeitos
de, no homem, 220-1, 224; efeitos
de, na gravidez, 141-2, 144-5
distrofia muscular, 150
doenças autoimunes, 167
doenças cardiovasculares, 63
doenças crônicas, 146
Donald, Ian, 193
dopamina, 179-80, 183
dosagem de alfa-feto-proteína (AFP),
209
"doutrina da anastomose", 103
drogas ilícitas, 217

eclâmpsia, 166, 208
ecocardiografia fetal, 206
ecossistemas, preservação de, 96
EctoLife (empresa), 9
Edwards, Robert, 28-9
Egito, 45-6
embrião, 40-67, 67; defeitos no fechamento do tubo neural (DFTN)
do, 60-1, 209; desenvolvimento
do coração no, 63-4; formação
do, 40, 52-3; formação do sistema
nervoso central do, 60; herniação
intestinal fisiológica no, 66; implantação do, 41-4; organogênese
do, 65, 67; ovários e, 67; testículos
e, 67; ultrassonografia e, 201
embriões sem óvulo ou espermatozoide, 146
embriologia, 12, 20, 54-5, 65, 146, 170
endométrio, 41-2, 44
Ensaio de dióptrica (Hartsoeker), 17

Ent, George, 17
Entamoeba histolytica (causadora da
amebíase), 136
"epidemia de gim" na Inglaterra,
126
epigenética, 228-30
esclerose sistêmica, 167
Escola de Medicina Mount Sinai
(Nova York), 218
esfigmomanômetro, 208
esôfago: alteração do, durante a
gravidez, 160
Espanha, 171, 231
espermatozoide, 15, 17, 19, 22-8,
35-40, 48, 54, 57, 215-6, 218, 220,
222, 228-9; concentração de, no
sêmen, 218-9; geração futura
de, 32; origem do termo, 23;
mutações no DNA do, 151; papel
do, na determinação do sexo,
71; primeira observação de, 15;
produção de, 23
espinha bífida, 150, 209
esquizofrenia, 227
Estação Experimental de Agricultura do Texas, 115-6
Estados Unidos, 33, 47, 93, 100, 109,
134, 147, 149, 173, 184, 200, 221, 231;
descriminalização do aborto nos,
51; testes de gravidez nos, 51
estresse, 217
estrogênio, 44-5, 102, 155-7, 178, 183
estrógenos, 98
estudos da reprodução: fronteiras
éticas e morais do, 56, 59, 146, 148
estudos de toxicidade reprodutiva
e do desenvolvimento: modelos
animais de, 124-5
estudos em animais não humanos,
161; bisfenol A e, 145; consumo
de álcool durante a gestação e,
128-30, 224; depressão e, 182-3;
embriologia e, 55; e os micro e
nanoplásticos, 94-5; fecundação
e, 24, 27; fertilidade masculina e,

220; hormônios da gestação e, 178; memória e, 176; microquimerismo e, 170; mudanças no cérebro e, 174; nem sempre relevantes, 56, 97, 121; obesidade e, 222; placentofagia e, 98; preservação de ovários e, 32; teratologia e, 141; testes de gravidez e, 47; trauma e, 229

Eu não sabia que estava grávida (série de TV), 153

eugenia, 149

Europa, 93

evo-devo (biologia evolutiva do desenvolvimento), 13

exame pré-natal não invasivo (NIPT), 149, 204

exames de sangue durante a gestação, 208

Fabrizio, Girolamo, 103

FDA (Food and Drug Administration, EUA) *ver* Food and Drug Administration (FDA, EUA)

fechamento precoce do canal arterial fetal, 140

fecundação, 24-5, 27, 35-9

fertilidade masculina: afetada por hábitos de vida, 216, 219; redução da, 217

fertilização, 30-2

fertilização in vitro (FIV), 9, 27-9, 34, 36, 38-9, 55-6, 148, 150, 173, 226, 228; em coelhos, 27; em macacos, 32; limitações da, 31; primeira, bem-sucedida, 28; transferência do embrião para o útero na, 41

feto, 68-89; circulação placentária do, 105; conexões entre as regiões do cérebro do, 89; desenvolvimento do, 69; desenvolvimento da audição no, 83; determinação do sexo do bebê e, 71; ecocardiografia fetal e, 206; fechamento precoce do canal arterial do, 140;

formação do rosto no, 77; impressões digitais do, 78; insuficiência cardíaca fetal e, 140; líquido amniótico e, 73; presença ou não de bactérias no, 86-7; reconhecimento da voz materna pelo, 84; sensibilidade para cheiros e sabores do, 75; síndrome alcoólica fetal (SAF) e, 128-9; testes genéticos em, 73; vérnix caseoso e, 80, 82

fetos natimortos, 136

fibrose cística, 150

flavonoides, 139

folículos ovarianos, 20-2, 79

Food and Drug Administration (FDA, EUA), 51, 109, 120, 122, 150

Friedman, Maurice Harold, 47

ftalatos, 143, 221

Fundação Oswaldo Cruz (Fiocruz), 139

Galeno, 103, 207

gametas, 15, 17, 23-4, 26-7, 30, 37, 215, 218, 220

Garbhāvakrāntisūtra, ou "Doutrina esotérica sobre o embrião" (Índia, século XV a.C.), 15

Garcez, Patrícia, 210-1

gastrulação, 52-3, 56

genes, mapeamento de, 146

Giardia lamblia (causadora da giardíase), 136

giardíase, 136

Gin Lane (gravura), 126, 127

glicose, 156

gonadotrofina coriônica humana (hCG, "hormônio da gravidez"), 44, 47-8, 50, 155

Graves, doença de, 168-9

gravidez, 44-52; alimentação na, 135-40; alterações no intestino durante a, 87, 160; alterações na pele durante a, 141; alterações nos rins durante a, 162; alterações no sistema cardiovascular durante a,

Índice remissivo

161; alterações no sistema imune durante a, 163, 165; , alterações no sistema respiratório durante a, 162; complicações por covid-19 durante a, 165; consumo de álcool na, 76; consumo de cafeína na, 132; depressão perinatal e, 181-6; como doença, 187, 189; efeitos do bisfenol A na, 145, 221; enjoo na, 157-9; exames de sangue durante a, 208; hábitos saudáveis durante a, 151; hiperêmese gravídica e, 158-9; hipertensão na, 208; implicações da, 12; interrupção da, 149-50; lapsos de memória durante a, 175, 177; mudanças no cérebro durante a, 171-5; mudanças no cérebro do parceiro durante a, 231; mudanças no corpo durante a, 153-92; oscilações de humor na, 178; papel do parceiro na, 12; remodelamento cerebral na, 178-81; sensibilidade da pele durante a, 157; uso de anti-inflamatórios na, 140; uso de cosméticos na, 141, 143
Grécia, 46

Hale, Fred, 115
Hanna, Jacob, 57-8
hanseníase, 110
Harris, Muriel, 30
Hartsoeker, Nicolaas, 17, 19
Harvey, William, 16-7, 18
Hashimoto, doença de, 168-9
He Jiankui, 148
hemofilia, 150
hemorragias, 189
Hibbard, Elizabeth, 60
hiperêmese gravídica, 158-9
hiperpigmentação da pele, 156
hipertensão na gravidez, 165, 188, 208
Hipócrates, 207
HIV, 148
Hogarth, William, 128

Hogben, Lancelot, 48
Holanda, 171
Hooke, Robert, 13
hormônios: origem do termo, 46; *ver também hormônios específicos*
Hospital das Clínicas da Faculdade de Medicina da Universidade de São Paulo (USP), 33-4
Hunter, John, 103, 105
Hunter, William, 103

IBGE (Instituto Brasileiro de Geografia e Estatística) *ver* Instituto Brasileiro de Geografia e Estatística (IBGE)
Idade Média: especulações sobre o sexo dos bebês durante a gravidez na, 72
idade paterna: influência da, na gravidez e nos filhos, 226, 228
Ilex paraguariensis, 132
implantação do embrião, 56, 155
índice de líquido amniótico (ILA), 74, 206
índice de massa corpórea (IMC), 211
infecções após o parto, 189
infertilidade, 141; obesidade e, 222; tabagismo e, 223
injeção intracitoplasmática de espermatozoide (ICSI), 39
Instituto Brasileiro de Geografia e Estatística (IBGE), 232
Instituto Max Planck (Alemanha), 22
Instituto Wezmann (Israel), 57
insuficiência cardíaca fetal, 140
insulina, 156, 228
inteligência artificial, 125
internet, 9, 232
intestino: alteração no, durante a gravidez, 87, 160
Islândia, 149
Israel, 57
Itália, 221
Izumo (proteína presente no espermatozoide), 37
Izumo-Taisha (santuário japonês), 37

janela de receptividade (para o embrião), 41
Japão, 37, 137, 147
Jerusalém, 110
Juno (proteína presente no óvulo), 37

Kelsey, Frances Oldham, 109
Kelvin Hughes (instrumentos científicos), 193
Kennedy, John F., 109
King's College (Londres), 206

Lancet, The (revista científica), 108, 193
Lavoisier, Antoine Laurent, 106
Leeuwenhoek, Antonie van, 15, 17, 22
Lenz, Widukind, 108-9
leucemia infantil, 227
licença parental, 233
Lineu, 191
líquido amniótico, 73, 81, 106
Listeria monocytogenes, 136
listeriose, 136
Liverpool, 60
Londres, 206
"Loves of the Plants, The" (Darwin), 104
lúpus, 169

machismo no meio acadêmico, 14
MacVicar, John, 193
malformações, 113-24, 128, 135, 146, 150, 200, 203-4, 206-7, 209, 223, 225
Manchester (Inglaterra), 28
Mansuy, Isabelle, 229
maternidade biológica, valor da, 34
McBride, William, 108-9
mecônio (primeiras fezes do bebê), 87
Medawar, Peter, 163, 165
medicamentos antidepressivos, 184
meningite, 136
menstruação, 44
Mesopotâmia, 114
microbiota, 86; mudanças da, feminina durante a gravidez, 87

microplásticos, 10; em cosméticos, 97-8; onipresença dos, 94-6, 98, 221; encontrados em placentas, 94-5; ver também nanoplásticos; plásticos
microquimerismo, 167-70
mielomeningocele, 150
Min Chueh Chang, 27
Minamata (Japão), 137
miopia, 135
"monstruosidades", tipos de, 114
mortalidade materna, índices de, 188
mulheres: reconhecimento tardio de, pelas contribuições à ciência, 30

nanismo ver acondroplasia (nanismo)
nanoplásticos: onipresença dos, 94-6; ver também microplásticos; plásticos
nascimento prematuro, 128
neurociência, 173, 175
neurodesenvolvimento, 13, 126
Newton, Isaac, 13
nicotina, 134
Nobel, prêmio, 14, 28-9, 163
Noruega, 188
nutrição masculina: efeitos da, na gravidez, 223
nutrição pré-natal, 209-13; suplementações vitamínicas e, 212; vitaminas e minerais na, 211-2

obesidade, 217; infantil, 132
Objetivos do Desenvolvimento Sustentável (OMS), 188
ocitocina, 98, 178-9, 183, 237
oligospermia (baixa contagem de espermatozoides no sêmen), 215
ômega-3, 137
ondas de calor, 10
Organização Mundial da Saúde (OMS), 62, 110, 116, 120

Índice remissivo

Organon (farmacêutica), 50
órgãos internos, assimetria direita-
-esquerda dos, 64
ouriço-do-mar, 24, 26, 54
ovários, 20-2, 32, 44, 47
ovários policísticos, síndrome dos
(SOP), 22
ovulação, 22; vídeo em tempo real
da, 21-2
óvulo/óvulos, 15, 17, 20-2, 24-7, 29,
31, 34-40, 44, 57, 216, 226-8; congelamento de, 31; e a determinação
do sexo do bebê, 71; mutações no
DNA do, 151; primeira observação
de, 20; produção de, 21

Palermo, Gianpiero, 38
"paradoxo de Medawar", 163
Parent in Science (movimento de
mães cientistas), 186, 234
parto prematuro, 111, 134, 136, 169
parto vaginal e a microbiota do
bebê, 87
paternidade, 214-40; alterações hormonais do pai durante a gestação
e, 236-7, 239; comparação da,
entre humanos e não humanos,
236; depressão perinatal paterna
e, 239-40; desigualdade na dedicação aos filhos e, 233-4; licença,
233; como "maternidade solo
acompanhada", 232
perda gestacional, 111, 119, 128, 136,
164, 210; espontânea, 132, 169
Pixar, estúdios, 199
placenta, 41-2, 90-112; crenças
relacionadas à, 90; como espaço
de trocas, 107; como o órgão
humano menos conhecido, 111;
desenvolvimento da, nos antigos
humanos, 91; funções da, 90; ingestão da, pela mãe após o parto
(ver placentofagia); interação
entre os tecidos maternos e fetais
na, 112; modelos celulares para

estudo da, 112; nutrição do feto
e a, 106; prévia, 134; produção de
estrogênio pela, 156; produção de
progesterona pela, 155; retrovírus
endógenos e, 92
placentofagia (ingestão da placenta
pela mãe após o parto), 98, 100-2;
comum em mamíferos, 99; redução da lactação pela, 102
plásticos: onipresença dos, 97; ver
também microplásticos; nanoplásticos
Platão, 114
poda neuronal, 89
polispermia (fecundação do óvulo
por mais de um espermatozoide), 36
poluição atmosférica, 10
preconceito, 152
Predictor (teste de gravidez doméstico), 51
pré-eclâmpsia, 111, 165-6, 169
Priestley, Joseph, 106
progesterona, 44, 98, 102, 155-7, 160,
162, 178, 184
prolactina, 99
Pubmed (buscador biomédico), 11
Purdy, Jean, 28, 29

quimiotaxia, 26
quimioterapia, 30

Reino Unido, 86, 163
relaxina, 155
reotaxia, 26
reprodução humana, 10
República Tcheca, 33
reserva ovariana, 21
ressonância magnética, 112
restrição de crescimento fetal, 111,
132-4, 164-5
retardo no crescimento, 120
retinoides, 116
rins: alterações nos, durante a
gravidez, 162

Roraima, 139
Rosenblatt, Jay S., 178
Royal Oldham Hospital, The, 30
Royal Society de Londres, 15

Saint-Hilaire, Étienne Geoffroy, 113, 119
Saint-Hilaire, Isidore Geoffroy, 113, 119
sangramento durante o parto, 134-5
sapo-da-areia, 48
sarampo, 189
saúde materna e infantil, contribuições do homem para a, 215
Saxbe, Darby, 231-2, 237
Schmorl, George, 166
sedentarismo, 216
sepse, 136
Serviço Nacional de Saúde do Reino Unido, 28
Shenzhen, China, 148
Sheskin, Jacob, 110
sinciciotrofoblasto, 92
sincitina placentária, 92
síndrome alcoólica fetal (SAF), 128-9
síndrome de Turner, 203
síndromes cromossômicas, 149-50
singnatídeos, 154
sistema cardiovascular: alterações no, durante a gestação, 161
sistema imune: alterações no, durante a gestação, 163, 165
sistema respiratório: alterações no, durante a gestação, 162
situações traumáticas: impacto de, nas futuras gerações, 229
Smithells, Richard, 60
Smithsonian National Museum of American History, 51
sobrepeso, 135
Sociedade Brasileira de Reprodução Assistida, 217
Spallanzani, Lazzaro, 25
Stanisçuaski, Fernanda, 186
Starling, Ernest, 46

Steptoe, Patrick, 28-9
Sudão do Sul, República do, 188
Suécia, 33
supressina, 93
Swan, Shanna, 218-9

tabagismo, 133-4, 217
talidomida, 107-8, 110
tecnologia, 125; impactos ambientais da, 10
"tênia do peixe" ver difilobotríase ("tênia do peixe")
terapia gênica, 147-8
teratogênese, testes de, 119-21; participação de gestantes nos estudos de, 121-3
teratógenos: álcool como, 114
teratologia, 113-52; neurocomportamental, 126
Terkel, Joseph, 178
termotaxia, 26
testes em animais não humanos ver estudos em animais não humanos
testes genéticos do feto, 73
testes de gravidez, 10, 44-52; A-Z, 47; de Friedman, 47; de Galli-Mainini, 48; de Hogben, 48; de tira, 51; digitais, 51-2; imunológicos, 49-50; na antiguidade, 45-6; no Canadá, 51; misoginia e o desenvolvimento dos, 51; questão do descarte de, 52
testosterona, 180
Texas, 86, 115-6
tolerância imunológica, 163, 165
toxicologia computacional, 125
Toxoplasma gondii, 136
toxoplasmose, 136
transferência de células entre mãe e feto, 167-70, 168
transluscência nucal (TN), 202
transplante uterino, 33-4
transtorno bipolar, 227
transtorno do espectro autista (TEA), 227

Índice remissivo

Tratado sobre a geração dos animais (Exercitationes de generatione animalium) (Harvey), 17, 18
triclosan, 142
trissomia do cromossomo 13 (síndrome de Patau), 203
trissomia do cromossomo 18 (síndrome de Edwards), 203
trissomia do cromossomo 21 (síndrome de Down), 148-9, 203
trofoblastos (células invasivas), 42
tubo neural, 60-1
Turquia, 82

Úbeda, Francisco, 170
ultrassonografia, 112, 193-207; 3D, 199-201; análise da valva tricúspide na, 203; avaliação de cromossomopatias por, 202-3; criação da, 193; com doppler, 197, 203; funcionamento da, 195-6; morfológica, 204, 206; para conhecimento do sexo do bebê, 72; transluscência nucal (TN) e, 202; uso "recreativo" da, 200
Universidade da Califórnia (Irvine): Departamento de Neurobiologia e Comportamento da, 173
Universidade da Califórnia (San Diego), 233
Universidade de Cambridge, 55
Universidade de Glasgow, 193
Universidade de Ohio, 174
Universidade de Osaka, 37
Universidade de Washington: Departamento de Pediatria da, 128
Universidade de Zurique, 229
Universidade do Sul da Califórnia, 231
Universidade Federal de Santa Catarina (UFSC), 13, 182
Universidade Federal do Rio Grande do Sul (UFRGS), 11, 96

Universidade Federal do Rio de Janeiro (UFRJ): Instituto de Ciências Biomédicas da, 210; Laboratório de Ultrassom do Programa de Engenharia Biomédica da, 195
Universidade Vrije (Bruxelas), 38
uroscopia, 46
útero: crescimento do, durante a gravidez, 160; humano artificial, 9; relaxamento dos músculos do, 155

valproato de sódio, efeito teratogênico do, 124
valva tricúspide, 203
vasopressina, 237
vérnix caseoso, 80-3
vitamina A como teratógeno, 116
von Baer, Karl Ernst, 20-1, 23, 115

Watson, James, 28
Wild, Geoff, 170
Wilson, James Graves, 119
Wolpert, Lewis, 52-3, 55

Xenopus (sapo africano), 48-9
XX e XY, cromossomos sexuais, 71

yanomamis, e a contaminação por metilmercúrio, 138

Zernicka-Goetz, Magdalena, 55-8
zigoto, 40
zika, vírus da, 210
Zolgensma (terapia gênica), 147
Zondek, Bernhard, 47
Zoonomia, or The Laws of Organic Life (Darwin), 105, 107
zuranolona, 184
Zurique, 229

ESTA OBRA FOI COMPOSTA POR MARI TABOADA EM DANTE PRO E
IMPRESSA EM OFSETE PELA GRÁFICA PAYM SOBRE PAPEL PÓLEN NATURAL
DA SUZANO S.A. PARA A EDITORA SCHWARCZ EM JUNHO DE 2025

A marca FSC® é a garantia de que a madeira utilizada na fabricação do papel deste livro provém de florestas que foram gerenciadas de maneira ambientalmente correta, socialmente justa e economicamente viável, além de outras fontes de origem controlada.